JN441380

환경, 건축 그리고 색

색채 디자이너 필립 랑클로의
환경, 건축, 그리고 색

2009년 6월 25일 1판 1쇄 발행

지은이 장 필립 랑클로 · 도미니크 랑클로
감수 박연선
옮긴이 이승희 · 김정락 · 이선정

발행인 김현표
기획 최진선
편집 원희진
디자인 박소연 · 이현정 · 조미경

발행처 미진사
주소 서울시 마포구 서교동 464-41 미진빌딩
전화 336-6084(代) 팩스 338-5391
홈페이지 www.mijinsa.com
이메일 mijinsa@mijinsa.com
등록번호 제1-159호(1977.2.14)

값 28,000원
ISBN 978-89-408-0339-4

Couleurs du Monde: Géographie de la couleur

색채 디자이너 **필립 랑클로**의

환경, 건축 그리고 색

장 필립 랑클로 · 도미니크 랑클로 지음
박연선 감수 **이승희 · 김정락 · 이선정** 옮김

미진사

머리말

도미니크 랑클로 Dominique Lenclos

《세계의 색: 색채 지리학Couleurs du Monde: Géographie de la couleur》(이 책의 원제)은 일반적인 주거 환경의 색을 주제로 한 새로운 작업의 결과물이다. 이 책은 세계 각지에서 이루어진 10여 개가 넘는 현장 연구를 소개하며, 마그레브Maghreb: 모로코, 알제리, 튀니지 지역과 라틴아메리카의 도시, 작은 마을, 시골에서 드러나는 색채 이미지를 통해 다양성의 개념을 제시한다.

모든 주거지는 각자의 색을 지니고 있다. 예멘의 도시 시밤Shibam의 마천루처럼 흙으로 만들어졌건, 안달루시아 지방에 있는 푸에블로스 블랑코스pueblos blancos의 집들처럼 흰색으로 칠해졌건 모두 마찬가지이다. 왜 우리가 다른 곳보다 특정한 장소에 더 관심을 가지는지 궁금해 할 수도 있다. 어떤 대상들은 그 자체로서 주목하지 않을 수 없는데, 지리적 상황, 동일한 건축적 특성, 지역이나 나라 특유의 색 표현 같은 것들이 우리의 목적에 부합하기 때문이다. 그것은 종종 우리를 우연히 이끌기도 한다. 예를 들면 어느 날 출판물을 훑어보다가 발견한 카르파토스Karpathos 주민들의 전통 의상에 대한 글이 그렇다. 사진 배경에 찍힌 다채로운 집들은 우리로 하여금 그리스 섬으로 여행을 떠나게 만들었고, 그 분석 결과는《유럽의 색Couleur de l'Europe》에 포함되어 있다. 현장 조사 기간 동안 우리는 예상치 않았던 연구 주제를 우연히 만나기도 했다. 예를 들어 남아프리카 은데벨레족Ndebele의 그림을 연구하고 있을 때는, 비록 널리 알려지지 않았음에도 불구하고 감탄할 만한 다양성과 독창성을 드러내는 소토Sotho 장식을 발견했다.

우리가 이러한 발견을 할 수 있게 만들어주는 지역 거주민들이 좀처럼 드물다는 것도 중요하다. 사실 대부분의 시간 동안 그들은 일상적인 주변 환경이 지닌 색의 특별함을 인식하지 못한다. 그 색채범위는 오랜 관습과 자연스러운 창조의 결실이다. 그들은 자신들의 집이 너무나 수수하다고 생각해서 현대적으로 바꾸기만을 꿈꾸기 때문에 외국인들이 그러한 주거 건물에 관심을 보이는 이유를 이해하지 못한다. 조사 기간 중에 우리가 특히 흥미롭게 보이는 건물 앞에 멈춰 서면 마치 상상력이 풍부한 사람들처럼 여겨지곤 했다. 더구나 프랑스에서는 건물 샘플을 모으는 우리를 의심스럽게 여긴 마을 사람들의 신고로 여러 번 경찰의 취조를 받기도 했다.

우리의 작업과 방법론은 이 책을 읽을 사람들과 연구된 장소에 사는 사람들 모두가, 주거지의 색이란 그들이 소유한 재산이며 책임감을 느껴야 한다는 것과 스스로가 주변 환경에 특징을 부여할 수 있다는 사실을 깨닫도록 도와줄 것이다.

이 책에 소개된 특정 장소에 대한 분석들은 힘든 상황 아래 이루어졌다. 예를 들어 1984년 과테말라에 갔을 때는 게릴라들에 의해 나라가 둘로 갈라져 있었다. 어떤 나라들은 현재는 더 이상 갈 수 없으며, 또 다른 나라들은 역사의 한 페이지를 넘긴 상태이다.

각각의 날짜가 기록되어 있는 이 연구들은 말하자면 주어진 시간 동안 한 장소의 색채 상태를 객관적으로 평가한 것이다. 색채를 건축적, 문화적 유산과 떼어놓을 수 없는 요소라고 여기는 사람들에게 이 연구는 문화적, 역사적 통찰력을 제공한다. 그리고 색채 분야에서 취향과 활용의 발전에 대한 미래의 연구에 기초를 다지는 역할을 할 수 있다.

언급했듯이 많은 나라의 정부 당국에서 색이 그 지역의 풍경에 중요한 역할을 한다는 사실과, 기념물이나 예술과 마찬가지로 도시나 지역의 문화적 유산에 속할 수 있다는 사실을 인식하게 되었다. 이러한 깨달음은, 건축의 질을 개선하고 새로운 건물과 옛 주거지의 재건에 사용될 색채범위를 결정짓는 것을 목적으로 하는 지역적인 규정이 제정되는 결과를 낳는다. 프랑스에서 이러한 규정들이 생겨난 시기는 1970년대로 거슬러 올라간다. 영국에서는 이러한 규정들이 케임브리지나 옥스퍼드 같은 장소를 보호하기 위해 좀 더 일찍부터 존재해 왔다. 이탈리아의 경우에는 훨씬 오래되었는데, 1808년 나폴레옹 1세가 토리노 시에 사용할 색채에 대한 규정을 제정하라고 명령한 바 있었다.

여행 과정에서 우리는 옛 주거지의 개축과 색의 개정을 통해, 선택되는 색채범위가 항상 인공적이지도 않고 그렇다고 자연친화적이지도 않아 보잘 것 없던 장소가 얼마나 활기를 띨 수 있는지 살펴볼 기회를 여러 번 가졌다. 우리는 큰 관심을 가지고 지켜보았으며 때로는 놀라움을 느끼기도 했다. 페르남부쿠Pernambuco의 경우처럼 도시의 전체적인 색채에서 느껴지는 인상은 굉장히 자연스러운 방식으로 마을 전체는 물론 특정한 주거 건물까지 아우를 수 있다. 컬러리스트나 건축가에 의해 결정된 색채범위가 거주민들에 의해 흡수되고 해석되어, 그들의 개인적인 취향과 순간적인 기분, 개성, 상상력에 따라 독특하게 변형되고 재창조되는 것이다.

보편적이고 획일적인 문화의 위험에 맞서 사람들이 사는 거주지가 띤 색의 지평선을 따라 떠난 이 여행이 불완전하고 충분치 않을 수도 있지만, 전 세계 모든 나라와 그곳에 사는 사람들의 특정한 문화적 정체성에서 색의 역할을 적절하게 이해시킬 수 있을 것이다.

한국어판 서문

장 필립 랑클로 Jean-Philippe Lenclos

색채는 '아이덴티티'이다

이 책은 세계 11곳의 전통적인 주거 지역에 대한 '색채 지리학'을 다루고 있다. 프랑스에 이어 한국의 미진사에서 이렇게 번역되어 나오기까지 나름의 긴 역사가 있었다. 결정적으로는 최근 한국의 힐스테이트 색채와 사인 매뉴얼디자인을 한티 이승희와 공동 개발하면서 서울에 가게 된 것이 그 계기가 되었다. 그리고 색채의 중요성을 인식하게 된 한국의 상황에서 서울시 역시 우리 못지않게 색채 변화의 의지를 갖고 있었음을 '서울색'이 발표되고 나서야 알게 되었다. 한국에서 진행된 우리의 프로젝트와 거의 동시에 '서울색'이 개발되었고, 또 이렇게 이 책과 함께 소개되니, 한국의 색채와 나의 인연이 얼마나 깊은지 다시 한 번 생각해 보게 된다. 그런 의미에서 사실 나의 색채학의 시작점이 한국에 있었음을 이 자리를 빌려 밝히고자 한다.

나는 화가 앙리 마티스가 태어난, 선명하고 대비가 강한 색을 사용하는 북프랑스 지방에서 어린 시절을 보냈다. 일본 정부의 장학생으로 교토미술대학의 건축학부를 마친 직후, 곧바로 나는 지식을 살찌우기 위해서는 또 다른 원천을 통한 재도약이 필요함을 느꼈다. 그리고 그런 나의 욕구는 1962년 여름, 한국 여행으로 나를 이끌었다. 그때 처음 서울을 방문했고, 기차를 타고 버스를 여러 번 갈아타며 그 어떤 것과도 비교할 수 없이 탁월한 절이 있는 경주를 비롯한 남쪽 지역을 여행했다. 그곳에서 예전의 주거 생활을 엿볼 수 있는 초가 마을을 조사할 기회도 갖게 되었고, 푸르른 농촌 마을에 대한 추억도 얻었다. 기억하건데, 매우 아름다운 농가에 검은 말총으로 엮은 갓을 쓰고 마로 짠 옷감으로 지은 폭이 넓은 한복을 입은 사람들이 모여 있는 것으로 보아 가족 행사가 있는 듯 했다. 낡은 지붕과 나무로 만든 초가들이 띤 갈색과 회색의 색조, 그래픽적인 창틀 안쪽에서 밝힌 불빛이 한지 너머로 새어 나오며 내는 은은한 색조와 같은 그 마을의 색은 유럽 문화와 대조되어 나의 기억 속에 더욱 깊이 새겨졌다. 이 여행을 하지 않았던들, 어떻게 한국 전통 주거의 색채범위가 가진 부드러움을 상상할 수 있었겠는가!

각 나라와 각 지역, 그리고 각각의 도시가 저마다 특유한 빛깔의 색상들을 갖고 있다는 생각이 천천히 떠오른 것도, 다른 조도와 다른 하늘 아래에서 이처럼 새로운 풍경을 발견함으로써 이루어진 것이다.

여러 지역의 건축 양식이 다양한 것처럼, 결국 색채의 다채로움도 그 지역의 전통과 관습, 주민들의 개성과 취향, 현지의 재료들을 사용한 건축물의 특이성 등을 수용함으로써 이루어진다. 이러한 색채의 특징은 각각의 도시들과 마을들이 풍기는 분위기를 비교해볼 때 확실하게 드러난다. 우리가 1966년부터 프랑스에서 추진하기 시작한 연구와 우리를 뒤따라 유럽과 세계 각지의 다른 나라들에서 진행한 연구들은 창의적인 분석 방법을 필요로 했고, 그것을 통해 명백하고 확실한 결과를 얻을 수 있었다. 바로 그 역할을 한 방법론이 이 책의 앞부분에 소개되어 있다. 구조적으로 실용적인 특성뿐 아니라 유효성을 가진 이 방법은 건축 색채와 도시 색채 관련 분야에 종사하는 이들의 신봉을 받으며 프랑스를 넘어 전 세계로 빠르게 퍼져나갔다.

현지 문화의 풍요로움에 가치를 부여하는 모든 정책을 결정하는 결정적인 순간에 있어서, 건축 유산과 주위 풍경을 통해 이루어지는 '색채 지리학'은 중요한 역할을 하며 사회적, 경제적 발전에도 기여한다. 다른 관점에서 보면, 오늘날 많은 나라들에서 도시화가 급격하게 진행되고 있고, 세계화의 물결 속에 대부분의 연구와 생산이 표준화되면서 건축 풍경이 획일화되기에 이르는 위험이 증가하고 있다. 반면에 '색채 지리학'의 컨셉은 각각의 서로 다른 특징들에 대한 충분한 연구 조사가 뒷받침이 되기만 한다면, 어떠한 목적을 위해서든 색채를 사용하는 데 있어 독창적인 전략과 미래의 색을 합리적으로 예측할 수 있게 해준다.

한 장소에서 다른 장소, 한 나라에서 또 다른 나라에 이르는 복잡 다양함과 풍부함 안에서 각 주거지의 고유한 색채를 발견하는 것은 소중한 경험이 될 것이며, 그것이 바로 이 책에서 말하고자 하는 주제이다.

2009년 5월, 파리에서

추천의 글

프랑수아 바레 François Barré
프랑스 문화성 건축부 장관, 1999

세계의 색, 시간의 색

나는 1967년의 장식예술가 살롱Salon des Artistes Décorateurs에서 장 필립 랑클로를 발견했다. 그는 도무스Domus의 후원을 받아 문화센터나 대학 강단에 서고 있었는데, 나에게는 그의 이론이 색에 대한 감각적이면서도 극적인, 새로운 접근방식으로 보였다(이 시기에 '환경디자인 supergraphism'의 개념이 생겨났다). 그때부터 나는 그가 아내 도미니크와 함께 전 세계를 도는 특별한 여행을 따르는 것을 멈추지 않았다. 북구의 빛과 야생의 조화로움을 남겨둔 채 일본으로 떠난 장 필립은 22살의 나이에 색의 미묘한 조화, 그리고 색과 문화, 정체성, 역사의 관계를 발견해냈다. 타니자키Tanizaki의 그늘 아래에서 그는, 몇 년 후에 빌라 메디치Villa Medici에서 발투스Balthus가 "회화에서는 모든 것이 뜨거움과 차가움 사이에 존재한다."고 확언하기도 전에, 색에 대한 새로운 생각을 진전시켜나갔다. 그와 동시에 자신의 회사 아틀리에 3D 쿨레르Atelier 3D Couleur에서 본격적으로 작업을 진행하기 시작했다. 랑클로가 넘나드는 색의 스펙트럼은 극도로 넓은데, 그가 시간이 흐름에 따라 자동차, 자전거, 건물, 비행기, 펜, 직물, 한 회사의 디자인 전략까지 맡게 되면서 환경과 건축, 산업제품에서의 색의 개념과 활용에서 비롯된 모든 것에 흥미를 유지하였기 때문이다. 패션 분야만이 그 기교와 체계적인 움직임으로 인해 그의 끊임없는 호기심과 거리를 유지할 수 있었는데, 그것이 본질적인 것에 대한 문제였기 때문이다.

색채 지리학은 기억할 만한 옛 이야기에 대한 인식을 표현하는데, 르 코르뷔제Le Corbusier에 필적하는 기나긴 인내심을 필요로 하는 연구조사만이 이 개념을 완전히 드러내준다. 색의 어휘는 토양의 기억 속에, 물질의 사용에, 믿음과 상징에, 그리고 하늘과 빛과 기후, 그리고 흘러가는 색처럼 지나가는 시간과의 관계 속에 너무나도 단단히 뿌리박고 있어, 우리는 눈앞에 보이는 것을 어떻게 보고 어떻게 설명해야 하는지 그 방법을 더 이상 알지 못한다. 랑클로는 30년에 걸쳐 이전에는 알려지지 않았던 분야를 지속적으로 개척해 왔다.

이 책은 여행기나 열정적인 사랑의 연대기가 아니다. 그렇다고 해서 연구자의 노트나 세심한 조사관이 나열한 무한한 정보인 것도 아니다. 동시에 이 모든 것이기도 하며, 이것들이 한데 뒤섞여 조화를 이루는 기쁨과 그 방법에 관한 것이기도 하다. 《프랑스의 색》과 《유럽의 색》 다음으로 이어진 것이 바로 《세계의 색》이다. 이러한 작업이 오늘날 이루어졌다는 것, 이 책들이 프랑스, 일본, 한국 등에서 출간되었다는 것, 그리고 비슷한 작업이 중국, 일본, 포르투갈, 노르웨이, 핀란드를 비롯한 많은 나라에서 진행되고 있다는 것은 우연이 아니다.

실제로 우리의 색을 평화로운 방식으로 지키는 것은 매우 중요하다. 세계화의 여명이 밝아오는 이 시점에서 좀 더 잘 타협하기 위해서는 누구든지 자신에 대해 알고 있어야만 한다. 이 '타협'은 우리의 특수성과 취향, 지식, 문화를 유지할 수 있어야만 흥미로울 것이다. 오로지 지식만이 우리가 향수에 빠지거나 혹은 무엇이 우리를 만들어내는지 망각하는 일 없이 스스로 변화할 수 있게 해준다. 색채 지리학에서 얻는 학문적인 도움은 색이 가진 위상이 모호해져버렸을 때 훨씬 더 필요불가결한 것이 된다. 한때 변화했더라도 원래 상태로 돌아갈 수 있는 가치는, 우리가 다양한 정체성과 손쉬운 유혹은 물론 시공간의 느리고도 깊은 문화에 맞서기 위해 쉽게 회복할 수 있는 가치인 것이다.

랑클로 부부는 우리로 하여금 전통주의자가 되는 일 없이 여정을 따르게 하고 망각이 없는 미래를 상상하게 해준다. 그들은 자신이 본 모든 것들의 덧없음을 이해하며, 색을 도시 풍경의 외형적인 수단으로 퇴색시켜버리는 위험이 얼마나 많이 존재하는지 알고 있다. 이러한 방법으로 그들은 서로 모순되지만, 그럼에도 불구하고 하나의 분명한 의지를 드러내는 것처럼 보이는 영향력들에 주목할 수 있었다. 때로 민간 전통은 일반화된 회칠 속에 사라져버리기도 한다. 그리스의 메네테Menetes 마을은 2년만에 푸른색과 옥빛을 잃고 흰색과 밝은 황토색으로 뒤덮였다. 반대로 공무원들은 선명한 색상을 선호하는데, 이미지에 환상적인 특징과 즉각적인 매력을 부여한다는 이유에서이다. 일반화된 흰색이든 다채로운 색의 범위이든, 두 경우 모두에서 여행객들이 생각하는 전형적인 이미지를 닮고자 하는 욕망과 함께 비슷한 개선의 양상이 드러난다. 누군가의 상상을 통해 우리 자신을 인식하려는 것은 단념과 표리부동의 일반적인 과정이 되어버렸다.

색채 지리학을 소통을 위한 통속적인 전략으로 변형시키려고 하는 이러한 현상에 맞서, 랑클로는 조화와 변화를 결합한 발전적인 원칙을 제시한다. 프랑스 아르데슈Ardèche 지방의 비비에르Viviers 마을을 분석하는 방식은 이러한 실천 양상을 잘 보여준다. 먼저 현장 분석으로 시작해서(포괄적인 관점) 기록과 자료 수집, 드로잉, 멀리서 조망하는 작업을 마친 후에 그 장소의 '영속적인 선basso continuo'과 그 선의 색채 특성 모두를 밝혀내는 색채적 종합으로 끝나는 것이다. 이러한 관찰 방법은 오늘날 색이 국가적 유산으로서 문화적, 사회적, 경제적 차원에서 작용하는 모든 나라에서 사용되고 있다. 이 두 여행자가 결코 잊지 않을지라도, 색은 대지에 달라붙어 갈가리 찢긴 이데올로기 담론의 옷을 입기를 거부한다. 모든 나라, 모든 마을, 모든 도시는 그 외면과 내면, 영속성을 통해 차이와 표현을 긍정하기 위하여, 그것을 이루는 색채의 계보에 대해 잘 알고 있어야만 한다. 우리는 지리학이 역사를 연구하는 또 다른 방법이라는 것을 잘 안다. 랑클로가 우리에게 보여주듯이 그것은 색에 관한 역사이기도 하며, 사람들이 느끼는 감정의 변화처럼 서서히 그 실체를 드러낸다.

전 세계의 구석구석에서 모은 42가지의 토양 샘플은 천연의 흙색이 전체적으로 노란 빛과 붉은 빛이 도는 황토색을 띤다는 것을 보여준다. 이러한 색은 흙 속에 포함된 산화철 성분으로 인한 것이다. 이 책에 제시된 다양한 현장 분석들은 아프리카, 아시아, 중동, 라틴아메리카에 걸쳐 토양이 지닌 근본적인 중요성에 초점을 맞추고 있다.

차례

색채 지리학: 색의 여정

THE GEOGRAPHY OF COLOR: A CHROMATIC ITINERARY

1

2

1/2/3/4

조셉 알버스Josef Albers는 '색들의 상호작용'을 통해 색조 대비가 일어난다고 말한다. 풍부하고 다채롭게 채색된 색들이 강력하고 활기차게 소통하는 반면, 무채색 계열에서는 그러한 현상이 보다 조심스럽게 나타난다.

내가 색채 지리학에 대해 깨닫게 된 것은 1961년 일본에서였다. 이러한 깨달음은 적갈색의 따뜻한 색조로 특징지어지는 프랑스 북부의 풍경에서 볼 수 있는 색채 스펙트럼과 검은색, 회색, 흰색이 지배적인 일본 교토의 색채범위 사이에 존재하는 확연한 차이를 통해서 얻은 것이었다.

3

4

색채 지리학이라는 아이디어는 예상치 못했던 길에서 떠올랐다. 이 아이디어는 두 문화 간의 만남에서 시작되었는데, 바로 프랑스 북부에서 보낸 내 유년시절의 문화와 22살, 일본에서의 장기체류를 통해 발견한 문화이다.

젊은 시절, 일본이라는 나라의 막연하고 시적인 신비로움은 무엇보다도 선불교식 정원Zen garden과 고풍스러운 전통 건축물, 그리고 서예calligraphy에서 풍기는 미묘한 아름다움으로 나를 매료시켰다.

1961년 나는 건축을 공부하기 위해 도쿄로 향했다. 다른 하늘과 다른 빛 아래 보이는 새로운 풍경과 문화는 깊고도 결정적인 시각적 충격으로 다가왔다. 특히 나는, 내게 있어서 너무도 새로운 이곳의 색채에 완전히 빠져들게 되었다. 전통 가옥의 지붕에 얹은 기와의 회색빛과 흰색 창호지를 바른 미서기창shoji과 대비를 이루는 고색을 띤 나무 벽의 어두운 빛깔은 나를 감동시키기에 충분했다.

건축 언어의 특징적인 색채에 서예가 더해지는데, 여기에서는 검은 먹을 붓에 묻혀 써내려 간 글씨 주위를 흰 공간이 둘러싼다. 중국 회화에서처럼 종이의 흰색은 공간을 표현하며 원래부터 비어 있는 여백임을 암시한다. 부드럽건 날카롭건 간에 최소한의 붓질은 움직임, 그리고 채움fullness과 비움emptiness 사이의 영원한 긴장 상태에 독특한 기운을 불어넣는다. 서예는 조화롭고 상호보완적인 두 기운인 음양陰陽 사이의 상호작용을 표현한 것이기도 한데, 이는 도가 사상에서 너무도 중요하며 선불교 사상과 미학에 영원히 변치 않고 내재되어 있다. 흰색과 검은색, 양과 음, 채움과 비움, 이 모두가 균형을 이루어 기호이자 그림문자인 동시에 표의문자이기도 한 선 안에서 조화를 이룬다. 서예가의 리듬감 있는 동작이 만들어낸 흰색과 검은색은, 마치 생성의 전 범위를 암시하듯이 모든 글씨의 원천이자 모든 색채의 기원이 된다.

1

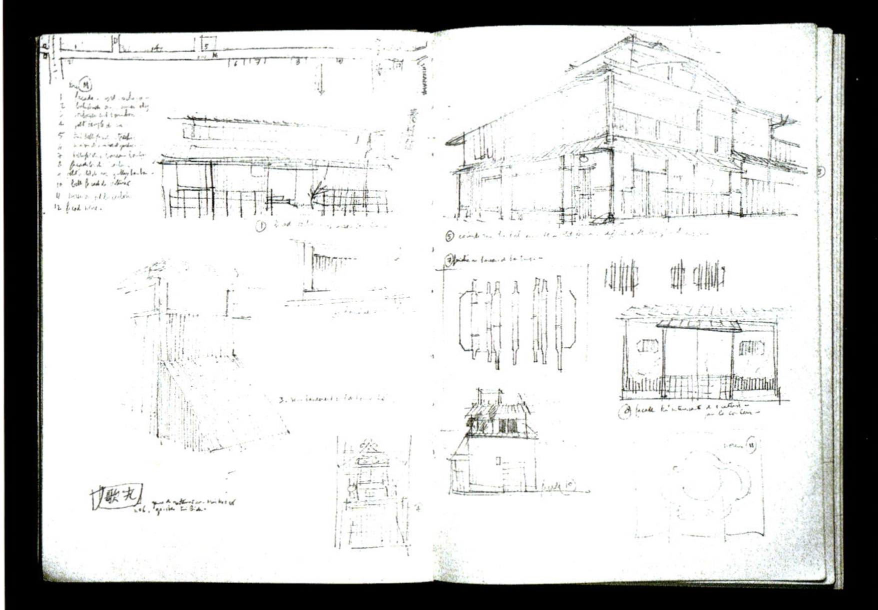

2

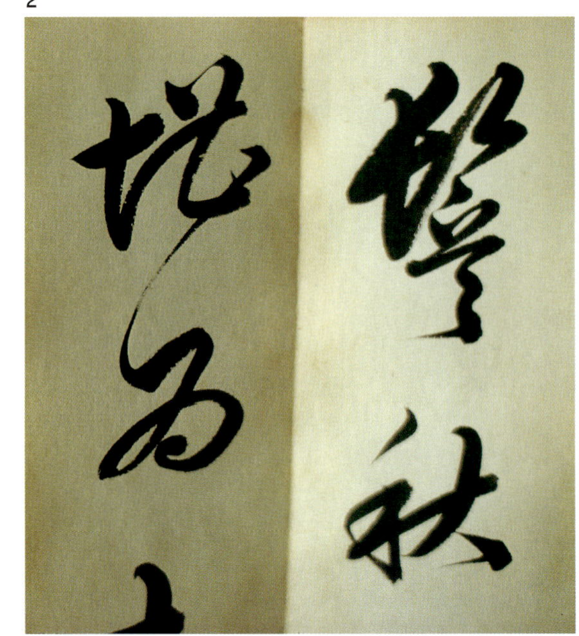

3

4

1/2/3/4

스케치북을 손에 들고 교토의 좁은 골목길들을 걸어다니면서, 나는 또 다른 차원의 색채들을 발견하게 되었다. 모든 색이 검은색과 흰색을 바탕으로 하고 있다. 서예는 단순히 붓 끝으로 표현된 글씨의 의미를 넘어서, 도가 사상과 선불교 철학에 내재되어 있는 상호보완적인 두 기운인 음양 사이의 깊은 상호연관성과 완벽한 균형을 보여준다. 몬드리안이나 말레비치의 그림에 쓰인 검은색과 흰색에서도 채움과 비움 사이의 소통을 인식할 수 있는데, 그것은 극도로 절제되어 있음에도 불구하고 다른 색보다 앞서 나타난다.

5/6/7

풍경과 건축 구조를 주의 깊게 관찰하다 보면 채움과 비움, 리듬, 색, 질감, 재료 사이의 엄밀한 상호보완성을 다시 한 번 깨닫게 된다. 그러므로 건축에서 색도 그림에서와 마찬가지로, 서양에서 흔히 믿는 것처럼 단순한 색조의 조합인 것만은 아니다.

5

기온마치Gion Machi의 좁은 골목길들과 료안지Ryoan-Ji, 다이젠인Daizen-In, 긴카쿠지Ginkakuji, 코케데라Kokedera의 절과 정원들을 스케치하면서 나는 공간을 바라보는 또 다른 관점을 얻었다. 그 고요함 속에서 재료가 주는 영향력과 리듬감이 주는 아름다움에 대해 깨닫게 된 것이다. 그리고 타니자키Tanizaki가 예찬했던 음예陰翳는 그 선명한 대비를 통해, 나로 하여금 모든 색에 생명력을 부여하는 빛의 중요성을 헤아릴 수 있게 해주었다.

그러자 일본 고유의 색들이 그 나라의 문화적 정체성에서 중요한 역할을 한다는 생각이 들었다. 이러한 깨달음은, 마티스가 태어났고 내 고향이기도 한 프랑스 북부의 파드칼레Pas-de-Calais와 일본의 비교를 통해 탄생하게 되었다. 습한 땅에 형성된 파드칼레의 주거지는 주황색 타일과 붉은 벽돌의 선명한 색조로 채워져 있는데, 이 색들은 야수파Fauvist 화가들의 그림에서처럼 식물들의 강렬한 초록색과 대비를 이룬다.

6

7

A/B/C
1971년, 도쿄의 컬러 플래닝 센터는 우리에게 도시의 색채 분석을 의뢰하였다. 여기 제시된 3가지 분류의 색 샘플은 건축물의 주된 색을 나타낸 것이다. A는 전통 건축의 외관, B는 과도기 건축, C는 현대 건축에서 보이는 색채들이다.

1

3

2

4

일본과 파드칼레의 도시 색을 비교한 결과는 놀라울 만큼 대조적이었고, 바로 이것이 '색채 지리학'이라는 개념을 탄생하게 하였다. 모든 나라와 지역, 도시, 마을은 저마다 고유한 색을 가지고 있다. 지리적, 지형적 환경이나 수질 환경, 빛과 같은 다양한 요인들, 그리고 그만큼이나 다양한 거주자들의 사회문화적 행동양식에 기인한 고유한 색채가 한 나라나 지역의 정체성을 결정짓는 것이다. 그러므로 이것을 분석하고 연구할 필요성이 있다.

1965년부터 우리의 분석 방법이 조금씩 성과를 내기 시작하였는데, 종합표synthesis chart는 색채를 기록하는 것은 물론 다른 연구조사 결과물과의 비교까지 가능하게 해주었다. 이러한 비교 분석은 각 나라와 지방, 특정 장소의 고유한 색채 특성을 보여주는 획기적인 방법이었다.

1/2/3/4
색표본color guide을 참고하여 현장에서 빠른 색연필 스케치로 그린 삽화들은, 특징에 따라 분류된 다음 종합표로 옮겨졌다.
도쿄의 아카사카 미츠케 Akasaka Mitsuke

1

2

3

4

같은 시기, 주거지에 사용되는 페인트 색 샘플에 대한 연구는 전통 건축과 지역색을 고려한 색채범위를 계획할 수 있는 기회를 주었다. 이를 위하여 프랑스 각 지역의 색에 대한 체계적인 조사 목록을 만드는 작업에 착수했는데, 현장에서 수집하고 정리한 세부 결과물들을 제대로 전달할 방법을 찾아야만 했다. 결과적으로 우리의 작업은 각 주거지의 색들이 상세하지만 간결하게 소개되어 있는 종합 색도표의 형식을 띤 25개의 컬러칩 묶음이 되었다. 이것이 그 후에 전 세계를 대상으로 진행한 모든 연구의 기본이 되었다.

첫 번째 결과물은 1970년에 도쿄 컬러 플래닝 센터에서 의뢰했던 것으로, 1972년 도쿄의 이치반칸Ichiban Kan 갤러리에 전시되었다. 나에게 처음으로 색채 지리학이라는 실체를 발견하도록 영감을 준 일본은, 내 연구 결과를 세상에 알리고 발전시킬 수 있는 최초의 기회를 준 나라이기도 하다.

1/2/3/4
최초의 현장 연구에서 주거지의 정확한 색 조사는 두 가지의 상호보완적인 방법, 즉 원재료의 샘플 수집sampling과 색표본을 이용한 비교 측정calibration을 통해 진행되었다.

1 그리스의 카르파도스Karpathos (1983)
2 일본의 나고야 (1983)
3 이탈리아의 부라노Burano (1994)
4 프랑스의 셰시Chessy (1989)

5

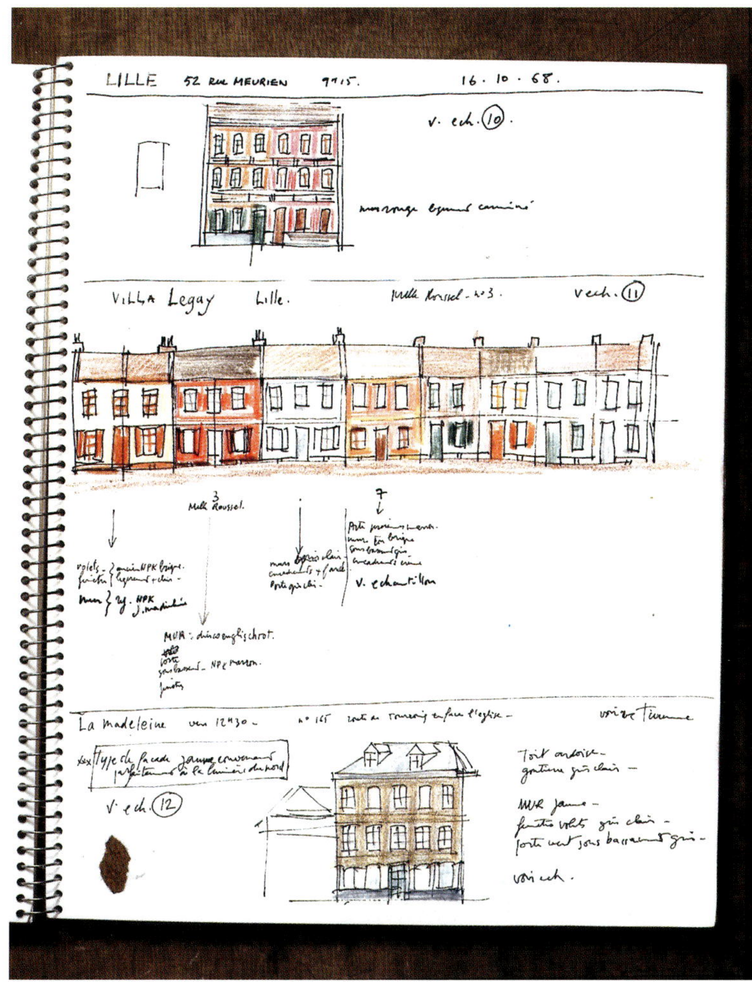

6

7

8

5/6/7/8

1960년대에 시작된 색채 지리학에 관한 연구는, 각각의 주거지 색을 특정화하는 데 기여하는 다양한 시각적 요소들에 대한 방법론적이고 분석적인 관찰에 기반하고 있다. 연구 대상이 된 지역의 색채를 파악하는 가장 좋은 방법은 단순하게도 현장을 색연필로 스케치하고 색칠해보는 것이다. 실제로 이것이야말로 디자인을 구성하는 전반적인 색조의 윤곽을 명확하게 그리는 데 있어 가장 실용적인 도구이다.

5 프랑스의 릴Lille (1968)
6 일본의 나고야 (1983)
7 그리스의 카르파도스 (1983)
8 이탈리아의 부라노 (1987)

1

2

3

1/2/3

주거지의 색에 대해 상세하게 기록한 첫 작업은 1965년 프랑스에서 시작되었다. 곧바로 우리는 조사 결과를 단계적이고 종합적인 형식으로 구성해야 할 필요성을 느끼게 되었다. 이것이 각 주거지의 세부 요소들을 간결한 방식으로 표현한 색도표에 이르게 된 이유이다. 25채의 집에서 얻은 색채들을 종합하여 색도표로 재구성하는 이와 같은 방법은 한 장소와 다른 장소를 쉽게 비교할 수 있게 해준다.

이 페이지에 제시되어 있듯이, 프랑스의 여러 지역을 분석하여 만든 3개의 종합표는 연구 대상이 되었던 각 장소의 색채적 특성을 명확하게 보여준다.

1 일 드 프랑스의 지베르니 Giverny, Ile-de-France

2 페이 드 라 루아르의 앙부아즈 Amboise, Pays de la Loire

3 북부의 릴 지역 Region de Lille, Nord

4

4
스케치와 사진이 어떤 장소나 패턴의 색채에 대한 자료를 수집하는 데 가장 기본적인 방법이긴 하지만, 원재료의 질감까지 담아내지는 못한다. 이러한 이유로 우리는 가능할 때마다 재료 샘플을 수집하였다. 샘플은 입자들의 구성과 표면의 다양한 양상을 통해 생기는 촉각적 차원 또한 보여주는데, 이는 색채 구성 요소들을 증명하는 귀중한 자료가 된다.
노르망디의 르 보드뢰이Le Vaudreuil, Normandie

1/2/3/4

우리는 1960년대 프랑스에서 연구를 시작한 것과 동시에 유럽의 다른 나라들에서도 이 같은 분석 과정을 진행시켜나갔다. 이 두 페이지는 국가적 혹은 지역적 색채의 다양한 정체성을 드러내면서, 유럽의 가옥에 적용된 색채 지리학 개념을 보여준다.

1 그리스 카르파도스 섬의 아르카사Arkassa
2 아일랜드의 켄메어Kenmare
3 스웨덴의 라트빅Rättvick
4 벨기에의 담Damme

5

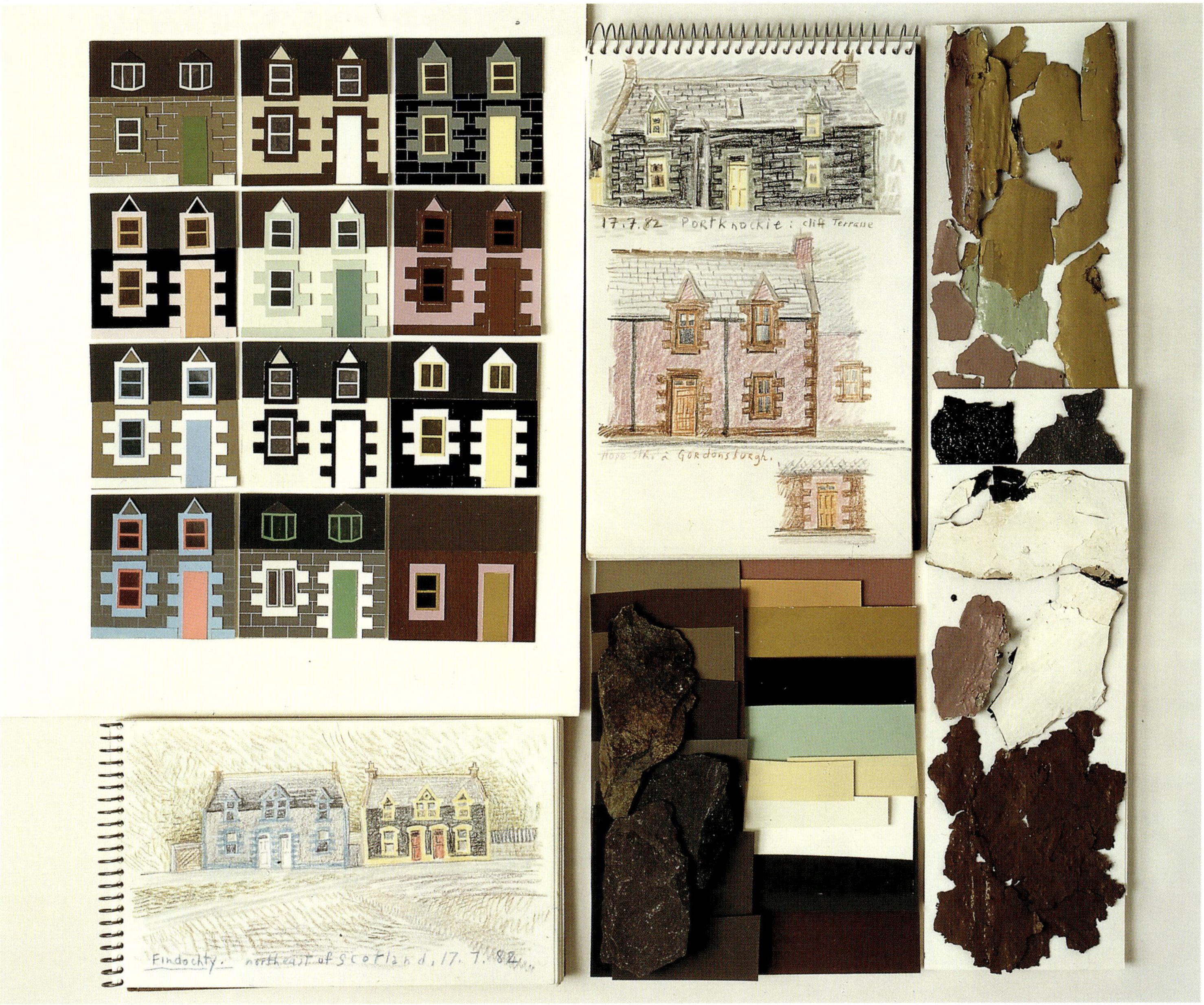

5

이 조사 기록들은 우리의 현장 분석 결과를 설명하는 데 도움을 준 다양한 요소들을 한데 모은 것이다. 여기 보이는 것은 스코틀랜드 북동부로 첫 번째 기록은 1982년으로 거슬러 올라간다. 앞서 살펴보았던 종합표와 비교했을 때, 각 장면이 스코틀랜드 지역의 특징적인 건축 요소인 지붕창dormer과 창문과 문을 둘러싼 독특한 모양의 틀로 특성화되어 있음을 알 수 있다. 이러한 표현 형식은 건물 외벽에 독창적인 건축 요소가 풍부할 때 훨씬 해설적이며 설득력이 생긴다.

1/2/3/4
이 두 페이지는 세계 각국의 일반적인 주거지에 쓰인 다양한 색채범위를 예시한다. 4개의 종합표는 네 대륙의 네 가지 색채 그룹을 보여주는데, 건물의 주된 색채와 건축 부재로 인해 더해지는 색조 대비를 모두 표현하여 각각의 독특하고도 유일한 색채 정체성을 드러낸다. 이러한 시각적 결과물은 민족적, 사회적, 문화적 요소들이 색채 지리학과 밀접하게 연관되어 있음을 확신하게 한다.

1 유럽: 러시아의 수즈달Suzdal
2 아프리카: 모로코의 우아르자자테Ouarzazate
3 아시아: 인도의 조드푸르Jodhpur
4 라틴아메리카: 과테말라의 살카하Salcaja

5

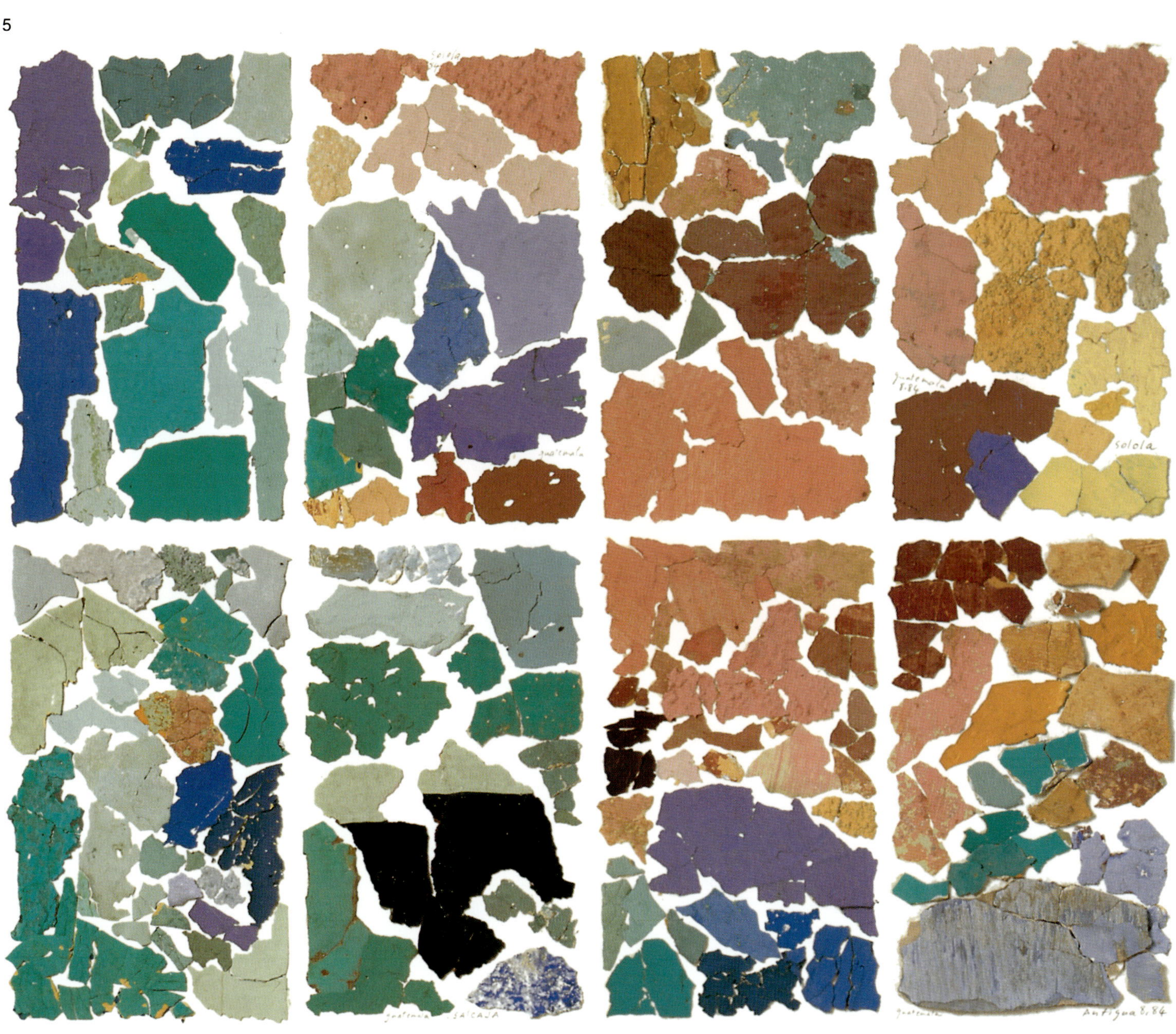

5
과테말라에서 모은 도료들. 이 같은 원료 샘플이야말로 특정 장소 혹은 한 지역의 색채 지리학을 특징짓는 색과 원재료들을 가장 정확하게 보여준다. 옆 페이지의 종합표에 나타난 색조와 샘플의 색조가 동일한 것을 확인할 수 있을 것이다.

색과 상징
COLORS AND SYMBOLS

"시각은 빛과 어둠, 무엇보다도 색을 통해 우리를 상징에 빠져들게 한다."* 도미니크 자한Dominique Zahan은 〈인간과 색L'homme et la couleur〉에서 이렇게 씀으로써, 색과 상징의 밀접한 관계를 강조하였다.

이러한 상징성은 보편적이며 '인간'과 맞닿아 있는 모든 영역-종교, 윤리, 관습, 심리학, 예술, 그리고 주거지-에서 설명될 수 있다. 색의 상징과 종교 사이의 연관성은 뚜렷하다. 예를 들어 마야 문명에서는 신들이 모든 생명체에 색을 부여했고, 죽음이 색을 사라지게 만들어 오직 창백한 뼈와 껍데기만 남겼다. "먼 옛날, 마야의 모든 인간들은 다섯 가지의 상징적인 색을 통해 삶의 순환과 지구, 만물의 완전함을 인식하는 방법을 알고 있었다. 빨강은 피와 탄생, 노랑은 영양을 공급하는 옥수수, 청록은 물과 비옥함, 검정은 죽음, 하양은 변화mutation였다. 세상에 의미를 부여하기 위해, 고대인들은 중앙과 네 방위를 다섯 가지 색과 연결시킨 지도를 만들었다…. 이 우주적인 도식이 건축물의 방향을 결정지었고, 그러한 상징은 그림이나 조각 장식에 풍부하게 등장하였다."**

이와 유사하게 중국인들에게도 "다섯 가지의 기본 색은 5원소, 5방위, 4계절과 서로 연결되었다. 파랑(혹은 초록)은 봄과 나무, 동쪽의 색이고 빨강은 여름과 불, 열, 남쪽의 색이며 하양은 가을과 금속, 서쪽의 색이다. 그리고 검정은 겨울과 물, 북쪽의 색이며 노랑은 지구와 곡식, 중앙의 색이다."***

인도에서 가정을 보호하고 가족의 건강과 번영을 지켜주는 락슈미Lakshmi 여신에 대한 숭배는, 어머니로부터 딸에게 전수되는 신성한 패턴으로 집을 꾸미는 여성들에 의해 유지되어 왔다. 지역에 따라 달라지는 이 이미지들은 건물 벽과 계단, 혹은 선한 영혼과 악한 영혼이 들어오는 출입구에 장식되었다. 소똥을 섞은 부드러운 흙 위에 쌀가루와 황토, 헤나, 진사 같은 천연 염료로 그린 신성한 그림들은 '모든 것은 변화한다'는 힌두교의 삶 개념과 완벽하게 맞아떨어지는 덧없음이라는 특성을 지니고 있다.

1

1
뜨는 태양의 나라, 일본에서 빨강은 신도 사원을 상징하는 색이다. 교토의 후시미 이나리Fushimi Inari 신사는 일본에서 가장 유명한 사원 중 하나이다. 여기에서는 음식, 특히 쌀을 보호하는 신과 관련이 있는 여우가 숭배된다. 또 시주자와 순례자들이 봉헌하여 붉은색으로 칠해진 나무 도리이Torii들이 일렬로 늘어서 있는 것을 볼 수 있다. 본래 도리이는 태양의 신에게 노래를 바치기 위해 횃대를 높이 세우는 긴 꼬리 수탉을 기리기 위한 것이었다. 신도 교리에 따르면 황제는 태양신의 자손이었고, 이는 일본 국기에서 볼 수 있는 붉은 원으로 상징화되었다.

* Dominique Zahan, "L'homme et la couleur," in *Histoire des moeurs*, Paris: Gallimard, 1990

** Jeffrey Becom and Sally Jean Aberg, *Maya Color: The Painted Villages of Mesoamerica*, New York: Abbeville, 1997

*** Song Jian Ming, "Le Codage des couleurs dans l'architecture Chinoise," *Pour la science*, January, 1993

2

2
인도의 마드라스Madras 지역에서 여인들은 매일 콜람kolam을 만드는데, 이것은 가정을 보호하는 락슈미 여신을 반기기 위해 해뜨기 전에 현관에 그리는 신성한 그림을 말한다. 한 가정의 어머니는 36개의 점으로 이루어진 전통적인 짜임weave을 따라 고운 쌀가루를 뿌리기 시작하여, 매일 새롭게 종교적인 패턴을 만들어낸다. 주중에 단색으로 그려지던 패턴은 일요일과 공휴일에는 풍부하고 다채로운 색으로 복잡하게 채워진다.
마두라이의 페룬구디Perungudi, Madurai

남아프리카의 소토족Sotho과 은데벨레족Ndebele에게 있어 벽화는 전통을 충실히 지키는 자신들을 증명해주는 신성한 능력을 지닌 것이다. 땅에서 구한 붉은 황토색, 석회의 흰색, 석탄의 검은색과 같이 상징적인 색들은 집에서 과도적인transitional 구역, 말하자면 건물 바닥과 천정의 둘레나 입구 근처처럼 한 공간에서 다른 공간으로 넘어가는 부분에 사용되었다. 1996년 파리에서 열렸던 〈안뜰Courtyard〉 전시의 카탈로그에서 반 윅Gary N. Van Wyk은 바소토Basotho 여인들이 담벼락에 그린 그림들의 종교의식적인 중요성을 다음과 같이 설명했다. "집과 땅, 여인들을 이어주는 연결고리는 오늘날까지도 거의 모든 곳에서 행해지는 여인들의 입문식 중에 극명하게 드러난다. 통과의례의 네 단계는 여인들의 몸에 바르는 서로 다른 색의 흙을 통해 구분되는데, 각각의 색은 저마다 상징적 중요성을 가진다. 처음에 입문하는 사람들이 바르는 흰색 흙은 성인으로 넘어가기 이전의 맑음과 순수함을 상징한다. 그리고 보름달이 뜨면 강에 가서 몸을 씻고 검은색 흙을 바르는데, 이는 조상들이 보낸 어두운 비구름과 연관되어 있다. 세 번째 단계에서는 또 다시 흰 황토를 바른다…. 건축, 특히 입구를 강조하여 장식하는 것과 유사한 패턴들이 이미 하양으로 뒤덮인 다리 위에 그려진다. 이와 같은 입문 단계에서 여성의 몸은 매우 분명하게 집과 동등한 것으로 여겨진다. 마지막 의식에서 여인들은 붉은 황토를 바른다. 대지의 피, 랏소코latsoko로 알려진 이 색은 다산을 상징하는 생리혈을 나타낸다… 붉은 황토는 또한 조상들이 보낸 물과 비를 연상시키기도 한다…."

반 윅은 정치적 저항의 수단으로 가옥에 사용된 색에도 관심을 보인다. "1994년 민주주의가 도입되기 이전에는, 아프리카민족회의ANC의 색이 벽화에서 뿜어져 나왔고 이것은 남아공의 인종차별정책apartheid에 대한 주민들의 반대를 나타냈다… 위험한 저항 행위이지만 백인 감시자들은 거의 알아챌 수 없는… 노랑과 초록색으로 칠한 집은 순진무구해 보였지만, 문이 열리면 검은 직사각형처럼 어두운 실내가 마치 저항 운동의 깃발을 먹어치울 듯이 튀어나왔다."

1

2

1
여러 종교에서 초록은 부활의 색이며 영적 재탄생의 첫 번째 단계를 상징한다. 이슬람에서 초록은 예언자의 색이며 '낙원', 즉 신자들에게 약속된 에덴동산을 연상시킨다. 음자브M'zab 지역의 다른 도시에서처럼 가르다이아Ghardaia에서도 초록이나 청록의 색조로 칠해진 집은 그 집에 사는 사람들이 메카Mecca로 성지순례를 다녀왔다는 것을 알려준다.
알제리 사하라 사막의 가르다이아

2
소토족에게 있어 전통 가옥들의 색과 디자인은 상징적인 성격을 지닌 것이다. 특히 붉은 황토색은 조상들이 내려주는 비를 부르는 색이다. 입구 주변과 바닥이나 천장 언저리 같은 과도적인 구역의 디자인은 전통을 지켜가는 부족민들의 충실함을 보여준다.
남아프리카

3
파랑, 초록, 청록은 이란에서 천국이자 낙원, 혹은 내세를 상징하는 신성한 색이다. 샤 모스크Shah's Mosque의 돔은 웅장하고 균형 잡힌 형태로 인해 투바나무Touba Tree, 즉 '영원한 행복의 나무'를 연상시키는데, 이 나무 자체가 신자들에게 약속된 천국을 상징한다. 종교 건축의 돔을 위해 만들어진 푸른색 타일은 카샨Kashan 시의 특산품으로, 그 이름을 따서 에나멜을 입힌 벽돌을 카시kashi라 한다.

4
무지개는 인류 역사의 초기부터 매혹적인 대상이었다. 고대인들이 무지개를 신이 내린 계시로 해석했던 것도 납득이 간다. 그 규모와 비물질성, 허공을 가로질러 기하학적인 아치를 이루는 반짝이는 색채 때문에, 무지개는 지상과 다른 세상 사이를 연결해주는 전형을 상징하게 되었다.
프랑스의 생 퀘이 포르트리유Saint-Quay-Portrieux

3

4

빨강은 탁월한 색으로, 여러 언어에서 색, 아름다움, 심지어는 부유함과 같은 의미를 지닌 단어이다.

요한 3세가 다스리던 16세기 스웨덴에서는 빨강이 특권계층을 위한 것이었다. 이 색은 오랫동안 부의 상징으로 남았고, 1743년 데일칼리Dalecarlie에서 일어난 폭동 중에는 소작농들이 "빨간색으로 칠해진 사제관presbyteries과 저택부터 시작하여 지배계층을 약탈하고 황폐하게 만들 것"을 결의하기도 했다.

빨강은 인류가 가장 오래전부터 사용해 온 색으로 보인다. 선사시대에는 죽은 이들을 붉은 흙으로 덮었는데, 우리 선조들이 사후세계에 대한 일종의 믿음을 표현했음을 짐작할 수 있다. 러시아정교에서 그리스도의 부활을 기리는 부활절 주일의 색도 마치 생명의 승리를 상징하듯 빨강이다.

빨강은 생명, 아름다움, 힘의 상징이다. 고대 로마에서는 예를 들어 붉은 자주색처럼 변형된 빨강이 최고의 권력을 나타내는 색이었고, 유스티니아누스 법전Justinian code에 따라 붉은 색 직물을 거래하는 사람은 사형에 처했다. 성경을 보면 성전 건축과 관련하여 신이 모세에게 다음과 같은 명령을 내린다. "가늘게 꼰 아마실, 자주와 자홍과 다홍 실로 짠 천 열 폭으로 성막을 만들어라."(출애굽기 27장) 빨강은 불과 피, 전투의 색이기도 하다. 인도와 이란의 전사들은 전통적으로 붉은색 옷을 입었다.

과테말라에 있는 마야 신전은, 떠오르는 태양과 희생제물의 피를 상징하는 빨간색으로 넘쳐난다. 창조의 여명에 신들은 자신의 피와 옥수수 반죽을 섞어 마야인을 만들었다. 그리고 목마름을 가시게 하는 희생제물의 붉은 피의 대가로, 신들은 지상에 비를 내려주는 은혜를 베풀었다. 그로 인해 새벽부터 황혼까지, 탄생에서 죽음까지 줄곧 마야인들의 주식이 되는 풍부한 옥수수 경작이 가능한 것이었다. 오늘날 기독교로 개종한 마야인들에게 빨강은 예수의 피를 상징하는 색이 되었다. 극동 지역에서 불을 상징하는 빨강은 화재와 같은 재앙을 막아주는 것으로 유명하며, 그러한 이유로 건물 축조 의식에 사용되곤 한다.

디오니시우스Dionysius에 따르면 빨간색은 우리를 이끌어주는 신의 사랑을 의미하며, 그렇기 때문에 신은 붉은 망토를 두른 모습으로 재현된다. 또한 빨강은 오순절Pentecost에 사도들에게 '불의 혀'처럼 내린 성령을 상징하는 색이기도 하다. 그것은 영감을 불어넣고 정화시키며 재생시키는 사랑의 불이다. 그리스의 미코노스Mykonos 섬에 있는 모든 교회와 예배당의 둥근 지붕은 성령을 기리는 빨간색이다.

1

1
빨강은 색 중의 색으로, 여러 언어에서 색, 아름다움과 같은 의미로 쓰인다. 모든 나라의 전통 가옥에 사용된 빨간색은 대부분 산화철에서 얻은 것이다. 예를 들어 스웨덴에서 오랫동안 특권계층의 색이었던 빨간색 물감은 팔룬Falun 광산에서 캐낸 색소를 기본으로 했기 때문에 '팔룬 레드'라는 이름이었다. 3원색 중 하나인 빨강은 표지판이나 간판, 상징기호에 자주 사용된다. 틀림없이 이것이 아일랜드에 있는 켈리스 코너Kelly's Korner란 이름의 술집 주인에게 영감을 주었을 것이다. 부라노에 있는 집들의 외벽에는 이탈리아 국기에 쓰인 빨강, 하양, 초록색이 섞여 있다.

1 이탈리아의 부라노
2 스웨덴의 시그투나Sigtuna
3 아일랜드의 킬라니Killarney
4 미국의 아스펜Aspen

2

3

4

빨강의 보색은 초록이다. 빨강이 불의 색이듯 초록은 물과 식물의 영역을 나타내며, 바다에서 태어나 자연의 화신이 된 아프로디테 여신을 상징하는 색이다. 안정감을 주고 원기를 회복시켜주며 균형을 잡아주는 초록은 기독교인들에게 희망을 주는 색이며, 예언자들과 사도 요한, 성령의 징표를 나타낸다. 이슬람교도들에게 마호메트의 옷 색인 초록은 이슬람교 자체를 의미하는 색이 되었고, 초록 깃발은 물질적이며 영적인 부와 구원을 상징하는 것이었다. 그러나 알제리의 사하라 사막 지역인 음자브에서 집을 초록이나 청록의 색조로 칠하는 것은 메카로 성지순례를 다녀온 사람들에게만 허용된다. 모든 종교에서 초록은 영적 재탄생의 첫 번째 단계를 상징한다.

겨울을 물리친 봄처럼 초록은 승리의 상징이다. 아일랜드에서는 초록이 수호성인 성 패트릭St. Patrick의 색일 뿐만 아니라 영국으로부터의 자유와 독립을 주장하기 위해 아일랜드인들이 지녔던 도전정신을 나타내는 색이기도 했다. 1980년대부터 초록은 환경보호운동을 상징하는 색으로 쓰이고 있다.

그러나 초록은 이상하게도 곰팡이와 부패의 색이기도 하다. 오랜 시간 동안 이 불안정한 색은 변화와 운, 우연, 숙명 같은 개념들과 굉장히 밀접하게 연관되어 왔다. 얼핏 모순적으로 보이는 초록색의 다양한 상징적 측면들은 이슬람 세계에도 공존한다. "아라비아 반도와 중동 지역의 무더운 나라에서 푸르른 식물들은 고마운 그늘과 시원함, 충분한 물, 부와 행복을 의미한다. 그러므로 초록은 에덴을 상징한다. 그것은 천국의 색이며 마찬가지로 위대한 예언자 마호메트의 색이다. 이슬람 국가에는 은사의 무덤이나 성스러운 인물의 영묘 위에 강렬한 초록 깃발이 휘날리게 하는 관습이 있다."* 스티얼린Henri Stierlin은 자신의 생각을 이렇게 발전시켰다. "더욱이 초록색과 죽음 사이의 연관성은 기억이 닿지 않는 저 너머 먼 옛날에서 기원한다. 말하자면 초록은 자연의 재탄생 그 자체인 봄을 특징짓기 때문에 부활의 색이라 할 수 있다."

5

6

7

8

5/6/7/8

초록은 파랑과 노랑을 섞어서 얻을 수 있는 2차색이며, 빨강의 보색이다. 물과 식물을 떠올리게 하는 이 색은, 1980년대 말 생태학자들에 의해 모든 종류의 공해와 오염에 대한 투쟁을 상징하는 색으로 채택되었다. 마야인들에게 청록은 모든 소중한 것들, 즉 비와 어린 옥수수 싹, 옥jade, 케트살quetzal의 깃털 등과 관련된 색이었다. 초록은 넓고 푸른 대초원을 지닌 아일랜드를 표상하는 색이며, 국기에 사용된 색일 뿐 아니라 아일랜드의 수호성인인 성 패트릭의 색이기도 하다. 초록은 가장 넓고 다양한 색조의 범위를 가지고 있다. 이미 고대부터 푸르스름한 초록색leek green, 밝은 녹황색apple green, 황록색toad green, 선명한 초록색toad green으로 구분되었다.

5 독일의 딩켈스뷜Dinkelsbühl
6 과테말라의 살카하
7 미국의 샌프란시스코
8 아일랜드의 투르모어Toormore

* Henri Stierlin, *Isfahan: image du paradis*, Geneva: Sigma, 1976

초록이 물의 색이라면 파랑은 공기와 하늘, 그리고 모든 멀리 있는 것들의 색이다. 파랑은 가장 깊고 차갑고 비물질적인 색일 뿐 아니라 흰색과 함께 가장 순수한 색이다. 그러므로 성모 마리아의 상징이 되었으며, 폴란드처럼 특정한 지역에서는 바람직한 젊은 여인들의 집을 파란색으로 칠하는 전통이 있었다. 알자스Alsace 지방의 바이어스하임Weyersheim이라는 작은 마을에는 파란색으로 칠해진 한 쌍의 낡은 집이 여전히 보존되어 있어, 주민들이 신교가 우세한 환경에서 가톨릭교회에 대한 신앙을 굳건하게 지켰던 당시의 시대상황을 증언해준다.

파랑은 또한 신의 지혜와 성령, 진실하고 지혜로운 영혼, 티베트 불교의 초월적 지혜인 비로자나Vairocana의 상징이다. 마찬가지로 이란에서도 파란색과 청록색은 신비한 힘을 지닌다. 이러한 색들은 아주 오래전부터 유약을 입힌 도자기 타일을 통해 종교 건축의 외관을 장식해 왔다.

마야인들에게 청록은 무엇보다도 성스러운 색이었고, 더 넓게 보면 자신들에게 소중한 모든 것과 연관되었다. 예를 들면 풍부한 비, 옥수수의 새싹, 옥, 때로는 파란색으로 때로는 초록색으로 보이기도 하는 케트살의 깃털처럼. "고대에 청록은 사제와 왕족의 상징이자, 신에게 바치는 제물을 표상하는 색이었다. 희생제물의 몸은 푸른색 송진으로 정화되었고, 그들이 오를 신전 계단과 산 채로 가죽이 벗겨지게 될 돌 제단 위도 마찬가지였다. 마야력의 약스Yax에 해당하는 한겨울에는, 예컨대 입구에 매다는 고기잡이 그물처럼 귀중한 물건들에 청록색 유성액을 발랐다. 그럼에도 불구하고 파랑과 초록 색소는 매우 희귀했기 때문에 거대한 피라미드에는 극히 부분적으로만 사용되었다. 마야가 정복되기 직전, 불길한 전조와 예언이 사람들에게서 희망을 앗아갔다. 그제서야 툴룸Tulum과 마야판Mayapan처럼 멸망할 위기에 처해 있던 도시들이 재생 능력을 가진 푸른색으로 온 벽을 뒤덮기 위해 필사적으로 색소를 마련하였다."*

1

2

3

4

오늘날 파랑은 중립적이고 평화로운 특성 덕분에 대규모 국제협회들의 색으로 사용된다. 파랑은 스페인을 제외하고는 서구를 통틀어 가장 사랑받는 색이라는 조사 결과가 있다. 이러한 현상은 이미 13세기부터 시작되었기에 전혀 새로운 현상이 아니다.

1/2/3/4
파랑은 3원색 중 하나로, 통계적으로 유럽 사람들이 가장 좋아하는 색이다. 가톨릭교에서는 성모 마리아와 연관되었는데, 일례로 알자스의 가톨릭 교도들은 주로 붉은색이었던 신교도들의 집과 구별하기 위해 자신들의 집을 푸른색으로 칠했다. 더 일반적으로 파랑은 신의 지혜를 상징하며 영혼과 영성을 나타낸다.

1 프랑스 알자스 지방의 샤트누아Châtenois
2 덴마크의 보른홀름Bornholm 섬
3 미국의 아스펜
4 브라질의 그라바타Gravata

* Jeffrey Becom and Sally Jean Aberg, *Maya Color: The Painted Villages of Mesoamerica*, New York: Abbeville, 1997

5

6

7

8

태양이 하늘 꼭대기에 있을 때 내뿜는 황금빛이 신과 인간을 이어주는 것처럼, 노랑은 가장 따뜻하고 열정적인 색이다. 신성한 본질 중에서도 지상에서의 황금빛 노랑은 왕자와 왕, 황제의 권력을 특징적으로 나타냈고, 이를 통해 그들은 자신이 지닌 권력을 신이 내린 것이라 주장하였다. 중국인들은 노랑에 다른 어디에도 존재하지 않는 탁월함을 부여하였다. 명나라 때는 노랑이 황제의 색이었으며, 청나라에 이르면 황제의 옷은 물론 궁전을 장식하는 타일에도 노랑을 사용하였다. 초록은 귀족의 저택을 위한 것이었고, 파랑은 베이징의 천단Temple of the Sky 같은 성소를 위한 색이었으며, 검정과 회색은 그 밖의 건물에 사용되었다. 지상을 상징하며 더 넓게는 중국 영토와 황제, 천자를 상징하는 노란색은, 중국과 중국의 황제가 전 우주의 중심임을 역설한다.

고대 그리스의 여러 교단들은 결혼식 베일과 아르테미스 브라우로니아Artemis Brauronia 신전에 봉헌된 소녀들의 옷에 노란색을 사용할 것을 명령하였다. 고대 로마가 기울어갈 무렵에도 마찬가지로 노랑은 큰 인기를 누렸으며 신성한 색으로 여겨졌다. 이와 대조적으로 인도에서는 바이샤 계급이나 농부들이 입는 염색하지 않은 직물의 색이 노랑이었다. 그들의 옷은 더러워지면서 점점 흙빛으로 변해간 반면 하양은 브라만, 빨강은 전사에 해당하는 색이었다.

노랑은 또한 간통한 남자들을 나타냈고, 더 넓게 말하자면 배신한 남편과 반역자의 색이었다. 파스토로Michel Pastoreau는 중세의 도상에서 유다가 전체적, 또는 부분적으로 노란색 옷을 걸친 모습으로 자주 재현되었다고 언급한다. 예를 들면 브르타뉴Bretagne 지방의 코트다르모Côtes-d'Armor에 있는 성 고메리Saint-Gomery 예배당 프레스코 벽화에서, 유다는 완전히 노란색 옷을 입고 있어 다른 사도들과 분명하게 구분된다. 14세기에는 나라에 불충한 기사들의 집 문을 노란색으로 칠했는데, 이러한 관습은 부르봉Bourbon 군단장에게까지 적용되었다.

5/6/7/8
빨강과 파랑에 이어 노랑도 3원색이다. 노랑은 색 스펙트럼 중에 가장 밝으며, 빛을 제일 많이 반사하는 성질을 가졌기 때문에 반짝거리기도 한다. 이 색은 생명력과 부, 빛의 상징이다. 중국에서 노랑은 다른 어디에서도 볼 수 없는 큰 인기를 누렸다. 노랑은 황제의 색으로, 그의 의복뿐 아니라 거처하는 궁전까지 뒤덮었다. 가옥에 노랑과 함께 자주 쓰이는 보조색은 파랑이다.

5 브라질의 콘다도Condado
6 포르투갈의 알칸타리아Alcantariha
7 러시아의 수즈달
8 덴마크의 보른홀름 섬

하양은 스펙트럼에 있는 모든 색, 즉 빛을 내는 색 전부를 합친 것이다. 가장 밝은 색인 하양은 순수와 순결, 처녀성을 상징하기 때문에, 첫 영성체를 하는 이들과 결혼식 때의 신부는 완전히 흰색으로 빼입는다. 또한 하양은 교황과 사제, 특정 교단을 나타내는데, 이미 켈트Celts 시대부터 드루이드교druid의 사제들을 위한 색이었다.

하양은 입문initiation의 색이다. 사하라 사막 이남의 아프리카 지역에서 성년식을 하는 이들은 영적인 삶의 시작을 알리는 흰 석고를 온몸에 바른다. 가톨릭교의 세례식에서는 세례를 받는 이들이 새로운 삶의 시작과 신의 자녀로서 더 큰 가족의 울타리에 들어왔음을 상징하는 흰색 옷을 입는다. 스페인이 마야를 정복했을 때, 예배 장소에 쓰이던 빨강은 정복자의 죄스러운 마음과 연관되어 가톨릭교의 순수성을 상징하는 흰색 석회유로 대체되었다. 우연히도 마야인들에게 하양은 변화의 색이었다.

하양은 사도들 앞에 나타난 예수의 변모transfiguration와 계시의 색이다. "예수는 그들 앞에서 모습이 변하셨다. 그분의 옷은 이 세상 어떤 마전장이도 그토록 하얗게 할 수 없을 만큼 새하얗게 빛났다."(마르코복음 9장) 수피교Sufi는 지혜의 상징인 흰색에 굉장한 중요성을 두며, 이 세상의 죄수로서 인간을 상징하는 빨간색과 흰색의 관계를 중시 여긴다. 티베트 불교의 달라이라마 역시 '지혜의 큰 바다' 혹은 '하얀 연꽃의 주인'이다. 하양은 또한 귀족의 색으로, 프랑스에서는 왕과 왕족을 나타내며 인도에서는 브라만 계급을 나타낸다. 마지막으로 하양은 죽음과 연관되어 있으며, 검정이 그러한 것처럼 애도를 상징한다. 흰 수의로 죽은 이들을 감싸는 전통은 고대 이집트까지 거슬러 올라간다. 인도와 마찬가지로 중국에서도 진정한 애도의 색은 하양이었고, 프랑스 궁정에서도 역시 상중에는 흰 옷을 입었다. 동방정교회의 신학자 클레망Olivier Clément은 성 토요일Holy Saturday: 부활절 전주의 토요일의 흰색이 지닌 상징 의미를 다음과 같이 설명했다. "신이 죽자 지상에 침묵이 내린다…. 그리스도는 지옥으로 내려간다. 이것은 승리의 하강이다. 그리스도가 인류를 짓누르는 압도적인 어둠을 파괴하러 온 것이다." 그러므로 흰색은 기다림의 표시이자 희망의 상징이 된다. 자신의 작품 〈죽은 이들의 부활을 기다리나이다Et Expecto Resurrectionem Mortuorum〉를 라그라브La Grave의 메이지Meije 빙산 꼭대기에서 연주하고자 했던 메시앙Olivier Messiaen의 마음속에도 흰색은 다음과 같이 그려졌다. "거기 하얀 빙산 위에 비치는 햇살의 유희를 통해, 나는 내 음악 전체에 퍼져나가는 두 번째 상징을 시각적으로 얻을 것이다. 영광스러운 몸의 본질인 밝고 깨끗함이라는 선물을…."*

* Olivier Messiaen, *Musique et couleur*, Paris: P. Belfond, 1986

1

2

3

4

1/2/3/4
모든 색을 합하면 하양이 된다. 1676년에 뉴턴Newton은 삼각형 모양의 프리즘을 통해 처음으로 백색광선을 상세히 분석했고, 무지개색의 스펙트럼을 얻어냈다. 하양은 검정과 마찬가지로 색상이 없다고 여겨진다.
하양은 입문, 계시, 순결, 지혜의 색이며, 주거지에 사용되면 청결함과 위생을 상징한다. 특히 지중해 주변의 많은 나라들에서는 가옥을 정화하고 보호하기 위해 벽부터 입구 계단까지 석회를 바른다.

1 예멘의 시밤
2 스페인의 카사레스Casares
3 프랑스의 콩카르노Concarneau
4 덴마크의 보른홀름 섬

검정은 하양과 동격인 동시에 정반대이다. 하양과 함께 검정은 색채 단계의 양 극단에 위치한다. 하양과 검정의 이원성duality은 빛과 그림자, 낮과 밤, 하늘과 땅, 청결과 불결, 음과 양의 그것과 같다. 창세기를 비롯한 여러 우주 기원론들은 어둠에 대항하여 싸우는 빛의 투쟁에 대해 들려준다.

하양처럼 검정도 애도의 색이지만, 희망이 없는 애도이다. 칸딘스키Wassily Kandinsky는 《예술에서의 정신적인 것에 대하여On the Spiritual in Art》에 이렇게 썼다. "가능성이 없는 망각처럼, 태양이 사라져버린 뒤의 죽은 공간처럼, 그리고 미래 없이, 심지어는 미래에 대한 희망조차 없이 영원히 이어지는 침묵처럼 검정은 내부에서 울려 퍼진다."

검정은 고대 그리스와 이란, 이슬람의 상복에 쓰인 색이다. 서유럽에서는 검정과 상복의 연관성이 비교적 최근에 발전하였는데, 처음에는 그저 눈에 띄는 색 옷을 입는 것을 피하는 정도였다.

그러나 오늘날 프랑스에서 검정은, 적어도 옷에 관해서는 더 이상 애도와 같은 의미가 아니다. 예술가들과 젊은이들은 종종 완전히 검은색으로 차려입는다. 옷장에 필수적인 '검정 원피스' 하나 없는 여자가 과연 있을까? 한편 프랑스인들은 주거지에 검정을 사용하는 것에는 과도하게 신중함을 기해 왔다. 이와 달리 영국과 스코틀랜드, 네덜란드에서 검정은 집 벽과 세부 장식에 없어서는 안 될 중요한 역할을 한다.

검정은 14세기 초반 이탈리아 의복의 주된 색이었는데, 값비싼 염료 사용을 금지하던 당시의 경제 법령에 따른 것이었다. 유럽 전역에 검정이 유행하게 되었고, 특히 궁정에서 큰 인기를 얻었다. 이러한 경향은 종교개혁기에 밝고 따뜻한 색채를 부도덕하다고 공표하고 금욕적이고 간소한 색채를 선호함으로써 더욱 확고해졌다.

5

스펙트럼의 모든 색이 한데 모여 있는 무지개에 관해서는, 그 한쪽 끝에 있는 인간들과 다른 쪽에 있는 신이나 영웅들 사이를 이어주는 신성한 연대라는 의미가 확고하다. 무지개는 부처가 천상에서 내려올 때 사용하는 일곱 빛깔의 계단이다. 그리스에서는 제우스의 결정을 다른 신들이나 인간들에게 전하는 이리스Iris 여신이 두른 휘장이다. 중국에서는 음과 양의 결합을 의미하고, 유대인들에게는 신과 자신들 사이의 계약이 실체로 드러난 것이 바로 무지개이다. "하느님께서 다시 말씀하셨다. 내가 미래의 모든 세대를 위하여, 나와 너희, 그리고 너희와 함께 있는 모든 생물 사이에 세우는 계약의 표징은 이것이다. 내가 무지개를 구름 사이에 둘 것이니, 이것이 나와 땅 사이에 세우는 계약의 표징이 될 것이다."(창세기 12장)

6

7

8

5/6/7/8
검정은 완벽한 무채색인데, 공간에서 빛을 완전히 제거하지 않고는 진정한 검정을 얻을 수 없기 때문이다. 이것이야말로 검정에 악, 죽음, 악마와 같은 부정적인 가치가 부여되는 이유이다. 그렇지만 늘 어두운 상징하고만 연관되는 것은 아니다. 때로는 금욕, 고행과 같은 의미를 지니기도 하는데 수도복이 그 좋은 예이다. 건축의 경우, 신교 국가에서는 검은색으로 칠해진 집들을 심심치 않게 볼 수 있는 반면 가톨릭이 우세한 국가에서는 찾아보기 힘들다.

5 남아프리카의 소토족 거주 가옥
6 미국의 아스펜
7 스코틀랜드의 핀도티Findochty
8 미국의 샌프란시스코

건축 재료
CONSTRUCTION MATERIALS

프랑스와 유럽 대부분의 나라에서 가장 일반적으로 사용된 건축 재료는 전통적으로 돌과 벽돌이었으며 견고한 가옥의 개념이 우세했다. 이와 달리 다른 대륙에서는, 점차 콘크리트 블록 건축으로 옮겨가고 있음에도 불구하고 여전히 가장 널리 사용되는 기본 재료는 흙과 식물이다. 그러므로 이 책에서는 이미《프랑스의 색》과《유럽의 색》에서 광범위하게 다루었던 돌과 벽돌에 대한 내용보다는 흙과 나무의 실용적, 미적 특성에 더 많은 지면을 할애할 것이다.

1

전통 사회에서 건축 양식의 선택은 기후, 지역과 근방의 자원 활용 가능성, 기술적 능력, 미적 감수성, 사회적 · 종교적 전통에 대한 존중, 거주자들의 유동성 등 다양한 요소들을 반영한 것이다.

같은 환경에서라도 적절한 해결책에 따라 종종 다른 결과가 나온다. 왜 어떤 양식이 다른 양식보다 더 우세할까? 그것이 바로 수수께끼이며, 우리가 자유와 창조력을 발휘하기로 마음먹은 지점이다.

돌과 벽돌에 비교해본다면 흙과 나무는 기후의 영향 아래 서서히 변화하는 살아 있는 물질이며, 그렇기 때문에 풍화와 붕괴, 원 상태로 돌아가는 것을 막기 위한 지속적인 유지보존이 필요하다. 색채 면에서 흙과 나무의 거친 상태는 집과 환경이 완벽하게 융합되는 데 유리하다. 이 재료들 위에 칠하는 보호용 도료나 페인트는 수시로 수선이 가능한 장식 역할을 하여, 레소토Lesotho의 어도비adobe 벽돌집이건 샌프란시스코에 있는 빅토리아 양식의 가옥이건 간에 그 집에 사는 사람들이 독창성을 발휘할 수 있는 완전한 자유를 준다.

2

1/2/3/4
고대부터 짚이나 풀로 덮은 초가지붕은 전 대륙에 걸쳐 거의 모든 형태로 사용되어 왔고, 나라와 지역 전통에 따라 다양하게 변형된다. 이 사진들에서처럼 색과 재료는 서로 떼어놓고 생각할 수 없으며, 집에 부드러운 동물 털가죽을 연상시키는 따뜻한 특성을 부여한다.

1/3 인도 라자스탄Rajasthan의 쿠리Khuri
2 남아프리카의 루포트Looport
4 프랑스의 노르망디Normandy

3

4

1

2

3

4

식물 Vegetation

식물은 현장에서 가장 먼저 사용할 수 있는 풍부한 재료이다. 건축업자들은 나라와 지역에 따라 대나무, 야자나무, 곡식 줄기, 코코넛과 종려잎, 덩굴, 골풀, 갈대 등을 사용한다. 이러한 재료들은 나뭇가지, 나무껍질과 함께 집의 지붕과 벽, 담을 구성하는 요소가 된다. 예를 들어 니제르Niger의 시골 지역에는 길고 빳빳한 줄기를 가진 스위치그래스switch grass로 만든 오두막들이 굉장히 일반적인데, 비용이 별로 들지 않으며 단열 효과가 높기 때문이다. 대추야자 농장 근처에는 야자수 잎으로 만든 오두막도 있다.

현지에서 쉽게 구할 수 있는 지푸라기는 지붕을 덮는 데 이상적인 재료이다. 지푸라기를 엮어 지붕 아래쪽에서부터 꼭대기까지 층층이 쌓아 올리면 집의 구조에 지푸라기 대들보beam가 덧붙여진다. 이 작업에는 도구가 거의 필요하지 않으며 남자나 여자나 똑같이 손쉽게 할 수 있다.

대나무는 습한 열대 지역에서 발견되는 식물로 굉장히 빠르게 자라며 높이가 거의 20m에 이른다. 수많은 특징을 지닌 대나무는 그에 걸맞게 훌륭한 건축 재료가 된다. 다시 말해 놀라울 정도로 유연해서 무거운 것을 지탱해도 부러지지 않고, 속이 비어 있어 가벼우며, 대기의 변화에 사실상 영향을 받지 않는다. 극동지역에서는 대나무를 사용하는 것이 꽤 일반적이다. 일본에는 백여 가지 종류의 대나무가 있으며 하나하나가 특별한 용도를 지니는데, 그중 마다케madake종이 가장 활용도가 높다. 카메룬Cameroon에서 이 식물은 일반적으로 공예품, 농업, 가구 제작, 가옥 건축 등에 사용된다. "쪼개진 대나무는 특히 도시의 집을 지을 때 흙벽과 울타리, 담벼락의 외장armor 역할은 물론 원형이나 사각형, 직사각형 집을 둘러싸는 골조 역할도 한다." 하만Mohaman Haman은 카메룬의 대나무와 지역 산업의 가능성을 다룬 책에서 다음과 같은 설명을 덧붙인다. "대나무 건축은 항상 카메룬 남부와 서부의 건축 유산의 일부로 존재해 왔다. 식물, 흙과 연관되어 있는 대나무는 자연스럽게 두각을 나타내었고, 1950년대까지도 시골 부족의 촌락에서는 주된 건축 공법으로 남아 있었다." 어느 정도 잊혀지고 무시되었던 시기를 지나, 현재 지역에서 나는 재료에 기초한 전통 건축 기술은 지역 당국과 단체에 의해 재발견되어 지원을 받고 있다. 이러한 방식으로 바문족Bamun의 왕 은조야Njoya는 카메룬 서부의 코우타바Koutaba에 있는 옛 왕들의 궁전을 전통 건축 방식을 따라 재건하고자 하였다.

5

1/2/3/4/5

이 두 페이지는 전통 건축에 대나무와 나무를 활용한 몇 가지 예를 보여준다. 러시아의 통나무집은 겨울이 길고 혹독한 나라에서 볼 수 있는 일상적인 풍경의 일부이다. 다듬지 않은 나무는 시간이 흐름에 따라 고풍스러운 빛깔을 띠면서 부드럽고 선명한 그늘을 드리운다.

극동지역에서 나는 백여 종의 대나무들은 각각 특정한 용도를 가지고 있다. 대나무의 뛰어난 특성과 가느다란 형태는 정교한 패턴을 구성하는 데 적합하다. 종종 대나무의 줄기와 이파리가 함께 사용되어 색조와 명암이 서로 연결되면서 조화로운 효과를 만들어낸다.

1 일본의 나스시오바라Nasushiobara
2 일본의 교토Kyoto
3 중국의 안후이Anhui
4 일본의 무로츠Murotsu
5 러시아의 수즈달

1

1/2/3/4
나무는 오래전부터 석재와 달리 경제적이면서 실용적인 건축 재료로 여겨져 왔다. 나무는 오늘날까지도 많은 나라들에서 건물 골조를 세우거나 외벽을 덮는 기본 재료로 활용되고 있다. 때로는 자연 상태 그대로 남겨두기도 하지만, 보통은 러시아와 북유럽 나라들의 경우에서처럼 니스나 페인트를 발라 보호한다. 7세기에 교토 근처에 지어진 가츠라 별궁은 천황의 형제가 여름을 보내던 곳이었다. 극도로 절제된 건축 형태는 반 데어 로에Mies van der Rohe를 비롯한 20세기 예술가들에게 영감을 준 모듈 구조modular construction의 원형으로 널리 알려져 있다.

1 핀란드의 포르보Porvoo
2네덜란드의 마르켄Marken
3 독일의 딩켈스뷜
4 일본 교토의 가츠라 별궁

나무 Wood

유럽의 여러 나라에서는 오랫동안 나무를 가장 실용적이고 경제적인 건축 재료로 여겨 왔다. 더불어 나무는 다음번에 집을 지을 때 재사용할 수 있다는 이점이 있었다. 도시 전체가 나무로 건설되기도 했다. 이러한 경향이 특히 강했던 런던의 경우, 화재로 인해 결국에는 벽돌과 석재로 대체되었다. 북유럽에서는 도시 전체가 불길 속에 흔적도 없이 사라졌다. 그러나 몇몇 오래된 건물들, 예를 들면 11~12세기에 선박 건조업자들이 지은 노르웨이의 목조 교회들은 아직까지 남아 있다. 러시아와 스칸디나비아 반도의 나라들처럼 혹독한 겨울이 찾아오는 곳에서는 시골 지역 대부분, 심지어는 도시에서도 여전히 전통 건축 재료를 고수하고 있는데 보온 효과가 뛰어나기 때문이다.

유럽의 목조 건축 전통은 북아메리카를 능가했으며 미국과 캐나다에도 견고하게 자리 잡았다. 그러나 나무로 만들어진 건물이 최초로 생긴 곳은 유럽이 아니다. 일본의 나라Nara에 있는 불교 사찰 호류지Horyu-Ji의 5층짜리 탑은 7세기에 지어진 것이다. 11세기로 거슬러 올라가는 중국 불궁사의 석가탑은 그 높이가 60m에 다다른다. 마찬가지로 아시아에 있는 교토의 가츠라 별궁Katsura villa은 세계에서 가장 뛰어난 목조 건축 중 하나라 할 수 있다. 게다가 일본에서는 메이지 시대까지 나무가 유일한 건축 재료였는데, 풍부해서 구하기 쉬웠을 뿐 아니라 기후에도 적합했기 때문이다.

태초부터 전 세계 모든 곳에서 인류는 나무를 사용했다. 판자를 서로 겹쳐서 조립하는 기술이나 통나무를 쌓는 원시적인 방법에 따라 나무만 사용하든, 아니면 석기 시대부터 존재했던 골조 기술을 활용해서 다른 재료들과 결합하여 사용하든 간에 말이다. 흙과 나무가 혁신적으로 결합되기 시작한 것은 목재 골조half-timber 건축을 통해서였는데, 흙은 불에 잘 견딜 수 있었고 나무는 비로부터 건물 전체를 보호해주었다. 흙, 지푸라기, 돌, 벽돌, 동물의 배설물 등 눈앞에 있는 것이라면 뭐든지 쌓아 올려 건물을 완성하는 이러한 유형의 건축은 전 세계적으로 널리 사용된다. 벽을 완전히 칠하지 않았을 때 드러나는 목골 건축 구조는 전반적으로 나라마다 확연하게 다른 장식적 특징을 보인다.*

골조는 수평부재frieze, 지붕 이음매covering joint, 지붕널Shingle과 같은 커다란 나무판자들로 보호되는데, 무엇보다도 벽이 비에 그대로 노출되는 것을 막기 위한 것이다.

* Jean-Philippe and Dominique Lenclos, *Couleurs de L'Europe*, Paris: Editions du Moniteur, 1995

목재의 색과 질감은 나무의 종류와 자라난 환경, 그리고 어떠한 처리 과정을 거쳤는지에 달려 있다. 적어도 3만 가지가 넘는 나무 종이 존재하며, 크게 활엽수hardwood와 침엽수softwood로 구분된다. 활엽수 중에 꽤 저항력이 센 참나무류oak는 60여 개에 이르는 종에 따라 각각 다른 색을 가지고 있다. 매우 튼튼한 밤나무의 경우에는 푸른빛이 도는 노란색과 연한 노란색을 띤다.

가장 널리 사용되는 침엽수에는 희미하게 반짝이는 흰색을 띤 가문비나무spruce, 저항력이 세고 중심이 약간 붉은 색을 띠는 흰색 나무인 전나무fir, 그리고 전나무와 유사하지만 나뭇결이 더 곱고 어두우며 담홍색 빛깔을 띠는 낙엽송larch이 포함된다.

일본의 전통 건축은 주로 삼나무cedar, 소나무pine, 노송나무cypress, 전나무를 기본으로 한다. 결이 매우 고운 금빛 노송나무인 히노키hinoki는 사원과 고급스러운 가옥 건축에만 특별히 사용된다.

열대 활엽수 중 수많은 종들이 건물의 골조와 벽, 외부의 목조 부분에 사용된다. 초콜릿빛 갈색의 아조베azobe, 노란 갈색의 이로코iroko, 분홍빛 갈색의 마코레makore, 장밋빛 도는 노란 갈색의 모빙기movingui, 장밋빛 도는 붉은 갈색의 니앙곤niangon, 장밋빛 갈색의 사펠리sapelli, 보랏빛을 띠는 붉은 갈색의 시포sipo는 모두 아프리카에 자생하는 종들이다. 반면 붉은 갈색 혹은 어두운 붉은색을 띠는 메란티meranti와 옅은 분홍색에서 붉은 갈색에 이르기까지 다양한 색조의 멩쿨란드mengkuland는 동남아시아에서 나는 것들이다.

2

3

4

흙 Soil

나무와 함께 흙은 인류가 집을 지을 때 사용해 온 가장 오래된 건축 재료라는 영예를 누린다. 처음에 흙은 목조 가옥에 생긴 균열을 메우는 데 사용되다가, 급속도로 진행되는 삼림 채벌로 인해 나무가 부족해지자 그 자체로 중요한 건축 재료가 되었다. 나무 지지대가 있건 없건, 생흙을 그대로 사용하는 건축 기술은 굉장히 오래전으로 거슬러 올라간다. 목조 건축이 나무가 풍부한 지역의 자연스러운 선택이었다면, 건조한 기후를 가진 세계 어느 지역에서라도 인간의 보금자리를 짓는 데 적합한 재료는 흙이었다. 흙으로 짓는 건축이 시작되어 칼데아Chaldea와 아시리아Assyria의 궁전들이 세워지게 된 장소가 바로 이러한 곳이었다. 사하라 사막 지역의 수단Sudan, 모로코 남부, 이집트, 이란, 중국 북부처럼 다양한 나라들이 그 지역에서 바로 구할 수 있을 뿐 아니라 다루기도 쉽고 다방면에 걸쳐 사용할 수 있는 흙을 건축 재료로 끌어들였다.

오늘날 이 재료는 아프리카 거의 전 지역과 중동, 라틴아메리카에서 여전히 널리 사용되고 있다. 흙이 풍부한 아프리카의 사하라 사막 이남 지역에 대해 마누엘 발렌틴Manuel Valentin은 이렇게 설명한다. "흙은 현장, 혹은 수로나 습지를 따라가면서 얻을 수 있다. 흰개미 서식지도 똑같이 탐나는 장소이다. 그곳에 가득한 곤충이 분비하는 끈적끈적한 물질은 접착제 역할을 하여 흙이 굳어지는 과정을 돕는다."* 유럽에서도 마찬가지여서 기후가 좋지 않은 지역에서조차 흙이 광범위하게 사용되었다. 흙의 가장 큰 적은 물인데, 홍수와 폭우로 벽이 무너져 내리기 때문이다. 동유럽 지역의 스웨덴, 덴마크, 독일은 물론 영국과 프랑스에도 흙으로 지은 건물들이 존재한다.

1

토양의 색 Colors of the Earth

순수한 상태의 흙은 본질적으로 알루미늄의 수산화규산염 성분으로 이루어져 있기 때문에 흰색을 띠지만, 다른 물질들과 쉽게 혼합되어 물리적인 성질이 변화한다. 산화철, 망간, 구리와 같은 혼합물들은 녹색, 파란색, 회색, 노란색, 빨간색, 갈색을 만들어낸다.

노랗거나 붉은 빛 혹은 그 중간색을 띠는 '황토색ochre'과, 갈색이나 녹색, 검은색을 띠는 '흙색earth color'에는 차이가 있다. 유럽에서는 여전히 안료를 땅에서 추출해낸다. 그 예로 프랑스, 특히 보클뤼즈Vaucluse 지역의 황토와 아르덴Ardennes의 시에나토sienna를 들 수 있으며, 이탈리아의 베네토Veneto에는 녹색과 빨간색, 노란색, 검은색 흙으로 이루어진 지층이 있다. 또 키프로스Cyprus 섬에는 황토와 녹색 흙, 암갈색 안료raw umber가 생성된다. 이러한 천연 안료를 캐낸던 유럽 전역의 수많은 채석장들은 합성 안료와의 경쟁으로 인해 문을 닫고 있다.

* Manuel Valentin, *De terre, de paille et de bois: symbolique de l'architecture en Afrique noire*, Paris: Musée de l'Homme, 1998

1/2/3/4/5
흙은 아프리카 전역에서 널리 사용되는 건축 재료이다. 레소토족과 남아프리카공화국의 소박한 오두막에서부터 모로코 남부의 위풍당당한 성채 카스바kasbah에 이르기까지 어도비 벽돌 건축은 굉장히 다양한 건축 형식에 적합하다. 뿐만 아니라 조상들의 전통에 따라 형성된 지역 토양의 색과 질감을 보여준다.

1/2 모로코의 드라Dra 계곡
3/4/5 남아프리카공화국의 레소토

건축 공법 Construction techniques

흙 건축의 특징 중 하나는 굉장히 다양한 기술이 활용된다는 것이다. 여기에서는 지붕 타일과 벽돌 제작을 가능하게 하는 구운 흙에 대해서는 논하지 않을 것인데, 이 연구에서 다루는 세계 각지에서 주된 건축 재료로 사용되지 않기 때문이다.

피세Pisé 혹은 어도비 벽돌 건축 과정에서는 지푸라기나 나무, 그 밖의 혼합물에 의존하지 않고 현장에 있는 흙만 사용한다. 흙에 습기가 약간 있는 모래를 섞은 다음 '반체banche'라고 불리는 틀에 넣고 '공이pisoir'로 눌러 압착시키면 어도비 벽돌이 만들어진다. 흙과 모래를 채워 누른 반체 각각이 대략 폭 40~50cm, 길이 3m의 벽이 된다. 이러한 어도비 건축은 모로코와 페루, 중국, 스칸디나비아를 포함하여 다양한 나라들에서 발견된다. 프랑스의 브르타뉴, 오베르뉴Auvergne, 도피네Dauphiné 등지에 있는 많은 수의 가옥들도 단단하게 다진 흙으로 이루어져 있다. 이 가옥들에 회반죽을 적당히 칠하면 몇 백년이나 오래 갈 수 있다.

모로코 남부에서 흙 건축은 일족 전체가 머무를 수 있는 커다란 성채 카스바, 혹은 붉은 황토색 벽으로 둘러싸인 요새 같은 도시 크수르ksour를 지을 때 사용된다. 경제적인 단열재인 어도비 벽돌은 굉장히 뛰어난 시각적 특성을 지니는데, 심지어 회반죽이나 석회로 덮었을 때조차 흙의 질감이 확연히 드러난다. 갈라진 틈으로 인하여 생기는 구조적 특성은 벽면에 생동감을 주며, 칠하지 않고 그대로 두었을 때는 흙을 채취한 지역에 따라 노란색부터 주황빛 도는 갈색까지 따뜻한 색조의 특성이 드러난다.

회반죽을 바르지 않는 경우에는 벽토cob가 어도비 벽돌과 유사한 색채 특성과 재료적 풍부함을 보여준다. 벽토는 흙에 짚, 건초, 잡초 같은 여물을 섞은 것이기 때문에 약간 다르긴 하다. 어도비 벽돌은 지지벽을 만드는 데 사용하는 반면 벽토는 목골 구조의 가옥에서 목조 부분 사이의 틈을 채우기 위해 사용한다.

또 다른 기술로는 틀에 넣어 형태를 만드는 과정이나 목조 지지대 없이 직접 흙을 쌓는 방법이 있다. 아프리카의 사하라 사막 이남 지역과 예멘에는 흙이라는 재료에 대한 지식과 기술을 보여주는 뛰어난 건축물들이 있다.

북예멘 동부와 북동부에서 볼 수 있는 놀라운 높이의 흙 건축은, 진흙에 흙과 모래, 짚을 섞어 커다란 원통 모양으로 겹겹이 쌓고 물로 적신 다음 어느 정도 고른 형태를 얻을 때까지 발로 밟아 누르는 독특한 기술 덕분이다. 평평한 지붕 위에는 소금과 석회가 주원료인 회반죽을 바른다.

프랑스 브르타뉴 습지의 '보린느bourrines'는 흙으로 직접 형태를 만드는 건축의 또 다른 예로, 잘게 자른 갈대와 흙을 섞은 '보쥬bauge'를 사용한다. 석회를 덮는 벽은 부서지기 쉽다는 이유로 낮고 꽤 두껍게 지어지며 문이나 창문은 거의 내지 않는다. 하지만 일단 완성되기만 하면 바람 부는 겨울도 잘 견뎌낸다. 이 건축 유형은 영국 데번Devon주와 스코틀랜드의 시골 전 지역에서도 발견된다.

요즘에는 '반코banco'라고 알려져 있는 거친 흙벽돌 어도비는 수천 년 동안 사용되어 온 재료이다. 토고Togo처럼 사하라 사막 이남에 있는 몇몇 국가에서는 여전히 식물과 흙을 섞어 손으로 형태를 잡는다. 다른 곳에서는 보통 직사각형 틀을 이용하는데, 이렇게 만든 벽돌들을 며칠 동안 햇빛에 말린 다음 젖은 흙을 발라 쌓는다.

아프리카의 사하라 사막 이남에서 "반코는 많은 건물의 기본 재료이다. 흙과 모래, 자갈, 건초를 섞어 만드는 반코는 토양의 성질에 따라 회색빛 도는 베이지색부터 갈색에 가까운 황토색까지 다양한 색을 낸다. 반코는 손으로 쌓는다. 그리고 종종 나뭇가지를 짜서 만든 내부의 격자 구조로 보강되기도 한다. '포토포토poto poto'라는 용어는, 손으로 형태를 잡고 주로 대나무로 짠 나무 골조에 바르는 젖은 흙덩어리를 말한다…."*

니제르 하우사족Hausa의 작은 집들의 경우 흙 건축 내부나 심지어는 반코로 쌓은 건물 외부에서도 나무 골조가 드러난 것을 볼 수 있는데, 돌출된 지붕 덕분에 비로부터 보호받는다. 돌이 풍부한 지역의 석공들은 흙과 돌을 다양한 비율로 혼합한다.

흙벽돌 건축을 가장 멋지게 실현해낸 예는 남예멘에서 볼 수 있다. 도시의 가옥들은 여러 층으로 이루어져 있으며, 특히 시밤은 감탄과 경이로움을 불러일으킨다. 사막 한가운데 위치한 이 도시에는 입구가 하나뿐인 성벽 너머로 500여 채의 흙 건축물이 높이 솟아올라 있다. 부분적으로 흰색이 칠해진 높은 건물의 매력적인 모습은 선명한 파란색 하늘을 배경으로 절묘한 분위기를 만들어낸다.

* Manuel Valentin, *De terre, de paille et de bois: symbolique de l'architecture en Afrique noire*, Paris: Musée de l'Homme, 1998

1

2

3

4

1/2/3/4

산화철은 흙의 색을 결정하는 주요 성분으로 노란 황토색, 붉은 황토색, 베이지색, 모래 빛깔 등 광물성 색조를 광범위하게 나타낸다. 이러한 색조들에 빛이 닿으면 건물의 입체감과 재질, 표면 질감이 강조되어 석조 건축을 연상시킨다. 같은 재료라도 시간대에 따라 다양한 촉감과 특징적인 색채를 띨 수 있다.

1 일본의 센다이Sendai
2/3 예멘의 하드라마우트Hadramaout 계곡
4 남아프리카공화국의 프리스테이트주 Free State

오늘날 Today

흙을 기본으로 하는 건축 재료들은 오늘날 점점 사라지는 추세이며, 색채 특성은 물론 건축 구조까지 개선해주는 보다 내구성이 뛰어난 다른 재료들이 선호되고 있다. 예전에는 유럽 여러 나라에서 흙을 이용한 축조법이, 집 주인이 직접 작업을 마치는 한 비용 효율이 높다고 여겨졌다. 하지만 노동력과 기술 부족으로 인한 어려움이 있는 것으로 드러났다. 더욱이 라틴 아메리카와 아시아, 아프리카의 나라들에서 가장 실용적이고 값싼 이 재료는 이제 기술적 퇴보와 가난의 상징이 되었다. 오늘날의 발전된 사회는 시멘트와 콘크리트를 필요로 한다. 인도와 브라질, 남아프리카공화국을 비롯한 여러 나라들을 여행하는 동안, 가난한 마을의 주민들은 우리가 보잘것없는 어도비 벽돌집에 흥미를 보이는 것에 대해 깜짝 놀라며 어이없어 하기도 했다. 그들은 자신들의 건축물을 자랑스럽게 여기지 않았고 어떤 경우에는 부끄러워하면서 자기들이 살고 싶은 현대적인 시멘트 집을 보여주기도 했다.

그럼에도 불구하고 세계 전역에서 흙 축조법에 대한 독특한 실험들이 진행되고 있다. 여기에는 프랑스 리옹Lyon 근처에 위치한 일다보l'Isle d'Abeau에 새로 조성된 흙벽돌집 마을이 포함된다. 알제리 서부의 모스테파 벤브라힘Mostefa Ben-Brahim은 농림부의 국가적 건축 사업을 통해 실현된 농장 마을이다. 또 모로코 남부 우아르자자테에서는 경제적 여유가 있는 시골 농가를 위한 공공 프로젝트의 일환으로 둥근 천장이 있는 주택들이 건축되었다. 미국 뉴멕시코주New Mexico의 경우 지식층의 트렌드에 의해 지난 20년 간 말린 흙벽돌 건축이 눈에 띄게 부활하였는데, 이는 스페인 건축과 인디언 건축을 종합한 18~19세기의 전통 건축 양식을 따른 것이다.

이집트 건축가 하산 파시Hassan Fathy는 계속해서 생흙을 기본으로 하는 고대의 건축 기술을

1

활용하는 방법을 모색하였고, 현대에 적합하게 하고자 가장 진보된 과학적 지식을 적용하였다. 그는 이 재료와 부속 재료들의 활용, 제기되는 문제점과 현대의 해결책에 대해 다음과 같이 이야기했다. "흙이 유일한 재료인 건조하고 메마른 지역에서 벽돌로 벽을 세우는 것은 쉽다. 자연 스스로 이 재료를 인간에게 선사한다. 수확기가 지나가면 흙은 건조한 기후 속에서 갈라지게 되는 반면 지푸라기를 섞은 흙은 압축적이면서도 내구성이 뛰어난 벽돌이 된다. 거친 벽돌은 시골 농가의 건물들에 노출되어 있을 때 받는 압력을 견뎌낼 수 있다…. 벽돌은 살아 있는 재료로, 완전히 안정되는 일 없이 습도에 민감하게 반응하여 계속해서 변화한다. 이것이 바로 건축가들이 벽돌 사용을 망설이는 이유이다. 물과 습기는 생흙으로 만든 벽돌의 가장 큰 적이다. 벽돌공들은 비와 이슬로부터 건물을 보호하기 위해 안정제stabilizer나 역청 유제bituminous emulsion, 파라핀, 시멘트를 외벽에 바름으로써 이 문제를 해결한다. 아스팔트도 이와 유사하게 사용되어, 습기 때문에 건물 토대에 모세관 현상이 일어나는 것을 막는다…. 시골 주민들이 벽을 세우는 방법에 대해서 알고 있다고 해도 보통은 지붕이라는 문제에 맞닥뜨리면 실패하게 된다. 항상 사용하기는 힘든 나무나 혹은 비용이 많이 드는 강철이나 강화 콘크리트 같은 현대적인 재료처럼, 굴곡과 압력을 견뎌내는 재료로 만들어져야 하기 때문이다."*

우리는 이처럼 흙으로 이루어진 오래된 마을들의 복원 프로젝트를 짚고 넘어가야 한다. 우리가 모로코 남부에 머무르던 1995년, 우아르자자테에서 몇 마일 떨어진 아이트 벤 하도우Aït ben Haddou에 있는 카스바들이 복원되고 있었다. 이 놀라운 건물들이 전통적인 방식에 따라 그 지역에서 나는 토양으로 복원되는 동안, 주민들은 마을에서 멀지 않은 임시 건물에 거주했다.

* In AA, *l'Architecture d'aujourd'hui*, February, 1978

2

1/2/3/4/5

벽돌은 건축의 기본 단위를 이루는 뛰어난 재료이다. 고대 초기부터 모든 대륙에서 사용되었던 벽돌은 기본적으로 생흙을 햇빛에 말린 것이다. 나무와 돌이 부족한 나라들에서는 여전히 어도비 벽돌이 널리 사용된다. 벽돌이 마르면 토양의 성분과 말리는 방식에 따라 색이 다양해진다.

건축업자들은 항상 건물의 장식적인 효과를 높이기 위해 벽돌 색을 배열하는 방식에 대해 잘 알고 있다. 게다가 벽돌로 쌓은 벽 전체를 석회로 칠하거나 옻칠을 해서 원래의 색을 변경하기도 한다.

1 미국의 뉴욕
2 이탈리아의 베니스Venice
3 남예멘
4 중국의 상하이Shanghai
5 캐나다의 몬트리올Montreal

3

4

5

1

1/3/4
색과 질감은 서로 떨어질 수 없는 것이다. 사실 똑같은 색과 재료라 하더라도 표면을 처리하고 마감한 방식에 따라 다르게 보인다. 돌도 마찬가지이다. 거친 상태일 때는 본래의 울퉁불퉁함과 빛을 반사하는 굴곡이 드러난다. 마감 처리를 거쳤을 때는 매끄럽거나 반짝이거나 혹은 광택이 없는 특성들을 드러내며 전체적으로 고른 색을 띠게 된다. 서로 다른 종류의 건축 재료를 포장도료로 덮으면 색채의 촉각적인 측면이 강조된다.

1 중국의 항저우Hangzhou
3 포르투갈의 포보아 드 바르짐Povoa de Varzim
4 남아프리카의 레소토

2

2
일본의 경우에서 보듯이 목조 건축에서는 같은 재료라 하더라도 용도와 처리 방법에 따라 다양한 특성을 가질 수 있다. 실질적으로 색은 항상 똑같지만, 그 음영은 빛과 그림자에 따라 달라진다.
일본의 무로츠

3

4

포장도료 Coating

흙으로 지은 집들에 모두 포장도료가 칠해지는 것은 아니다. 실제로 바람을 막아주는 커다란 벽이 있는 집이나 낮은 계층의 집들에는 필수적이지 않은데, 이러한 경우 건물에 직접 페인트를 칠할 수 있다. 그러나 벽에 포장도료를 바르는 것에는 몇 가지 장점이 있다. 우선 건물 전체의 색과 질감을 일관되게 만들고 잠재적인 문제점들을 바로잡음으로써 건물 외부의 특성을 개선시켜준다. 게다가 포장도료는 벽을 매끄럽게 만들어서 빗물이 쉽게 흘러내리게 하는데, 이는 건물이 더 오래 갈 수 있게 해준다. 포장도료는 정기적으로 다시 칠해주어야 한다. 남아프리카공화국의 소토족과 은데벨레족을 예로 들면, 흙과 소똥을 섞어 집을 칠하는 것은 여자들의 몫이다. 그들은 여러 가지 색의 흙을 어디서 찾을 수 있는지, 어떻게 색들을 대비시켜야 하는지 알고 있다. 간단하게 흙으로만 만든 포장도료와 더불어 시멘트나 석회, 모래, 혹은 석고를 흙과 섞어 만든 포장도료도 있다. 포장도료를 매끄럽게 칠했는지, 긁어냈는지, 붓으로 칠했는지, 문질렀는지, 혹은 손으로 형태를 잡았는지에 따라 서로 다른 질감이 만들어진다.

색과 질감 Color and Texture

서로 다른 재료 취급법들은 우리가 '재료 대비 the material contrast'라고 부르는 것을 가시화시킨다. 사실상 재료의 색은 그것을 구성하는 성분들의 특성과 질감에 달려 있다.

색을 이해하는 특정 차원은 감각, 더 세부적으로는 촉각과 밀접하게 연관되어 있다. 색의 특성을 훨씬 더 잘 포착하려는 욕구는 보는 사람으로 하여금 부드럽거나 거친 재료, 매끄럽거나 거칠거칠한 재료를 보다 잘 인식하기 위해 그것들을 만져보게끔 자극한다.

색과 질감은 상호의존적이며 감각의 실체를 이룬다. 한 가지 색 안료라도 각기 다른 표면 질감을 가진 건물들에서 다양한 색채 효과를 내기 마련이다. 빛은 재료의 이러한 측면에 중요한 역할을 한다. 평범한 조명 아래에서 매끄러운 표면은, 빛을 흡수하는 거친 표면보다 훨씬 많은 빛을 반사한다. 결과적으로 똑같은 색조는 일반적으로 표면이 울퉁불퉁할 때보다 매끄러울 때 훨씬 밝아 보인다. 그러나 울퉁불퉁한 표면을 빛이 반사되는 각도에서 보면 그늘에 드러난 각도에서보다 훨씬 밝게 느껴진다.

장식과 외관

DÉCORS AND SURFACES

전 세계 모든 나라의 사람들이 정성을 다해 자신이 사는 집을 보존한다. 그들은 변화하고 부패하고 부서질 위험이 있는 재료들을 보호하려 할 뿐 아니라 아름답게 꾸미고 싶어한다. 그리고 다른 집들과 어울리게 하거나 혹은 반대로 뚜렷하게 구분되도록 만들기도 하고, 사회적 · 종교적 전통을 따르거나 아니면 단순히 깨끗하게 하고자 노력한다. 우리는 여행 기간 동안 이것이야말로 거의 모든 사람들, 심지어는 굉장히 빈곤한 사람들의 의욕까지도 북돋는 무엇보다도 중대한 일이라는 것을 깨달았다. 예를 들면 남아프리카공화국에서 우리는 서로 다른 부족들이 이웃해 살고 있는 빈민촌을 지나갈 기회가 있었는데, 거기서 건축업자들의 독창성과 골이 파인 금속판 같은 재료들을 조합하는 방식, 초라한 보금자리를 페인트로 장식하는 데 쏟는 정성, 그리고 조상들의 전통을 존중하는 실내 장식에 감탄했다.

1

2

3

1/2/3/4
거주지의 색이 건축 재료나 포장도료의 색에만 한정되어 있는 것은 아니다. 어떤 경우에 색은, 집을 아름답게 꾸미려는 사람들의 욕구를 담고 있거나 혹은 그들의 개인적, 집단적 정체성을 보여주는 디자인 속에 표현되어 있다. 여기에서 장식적인 기능은 회화적 특성과 색채적 특성을 보충해준다.

이 두 페이지는 장식적인 관심사가 여러 가지 방식으로 드러난 외부 디자인들의 예를 보여준다. 이집트 룩소르 근교에 위치한 구르나Gournah 마을에서는 메카로 순례를 다녀온 주민들이 여행하는 동안 겪은 여러 에피소드들을 집 외벽에 서술적으로 그려 넣는다(1). 중국 항저우의 위리앤Yulian에는 황산 근처의 풍경이 담긴 두 그림이 입구를 둘러싸고 있다(2). 러시아의 자고르스크Zagorsk에서는 흰색으로 칠한 목조각 패턴들이 외벽의 녹색 바탕 위에 마치 장식 레이스처럼 두드러진다(3). 남예멘의 타림Tarim에서 색은 신고전주의적인 건물 외관의 몰딩을 강조한다(4).

4

우리는 여러 유형의 장식들을 서로 구분할 것이다. 가장 단순하고 '원시적인' 장식은 벽을 쌓는 데 사용된 흙 표면에 아직 습기가 남아 있을 때 포크나 나이프, 나무 조각, 손가락으로 작업하거나 포장도료를 바르는 것으로, 아프리카의 사하라 사막 이남 지역에서 빈번하게 사용되는 장식 방법이다. 그런 다음 반코 위에 기하학적인 패턴을 비롯해 모든 종류의 패턴들이 그려지는데, 매년 외벽에 다시 발라야 하는 벽토가 복잡한 디자인을 망치는 경향이 있다. 그러나 니제르의 하우사 지역에서 우리는 두꺼운 포장도료에 패턴을 새겨 넣는 매우 정교한 장식 유형을 발견했다. 남아프리카공화국과 레소토의 소토족 여인들은 벽을 따라 평행선들을 그어 길게 파인 자국을 남기는데, 그들이 채택한 디자인들 중에 가장 많고 눈에 띄는 것은 전통적인 상징 이미지인 잎이 네 장 달린 꽃 패턴이다. 레소토에서도 조약돌을 모아 만드는 일종의 간결한 모자이크 장식을 찾아볼 수 있으며, 주로 주변의 산 풍경을 참고해서 만들어진다.

부르키나Burkina의 구로운시족Gourounsi 중에는 여전히 딸의 도움을 얻어 "집 외벽에 빨강, 검정, 하양의 기하학적 패턴으로 이루어진 다채로운 디자인을 만들어내는 여인들이 있다. 이를 위해 검은색을 내는 진흙, 흰색 고령토kaolin, 빨간색 라테라이트laterite를 사용하며, 속을 비우고 조롱박과 도기 파편, 금속 조각을 채워 넣는다. 일단 손으로 페인트를 칠하면 수선화 구근들이 모여 있는 것처럼 반짝이는 광택이 얻어진다."*

여러 가지 색의 돌들을 구할 수 있는 지역에서는 재료 자체를 통해 외부 디자인이 이루어진다. 돌을 수평 띠나 수직 고리, 선이나 마름모, 체크 패턴으로 다듬으면 지역마다 각기 다른 수많은 변형이 가능해진다. 이 점에 있어서는 북예멘 건축이 상당히 뛰어나다. 이 나라의 수도 사나Sana'a의 전통 가옥들에 사용된 색채범위는 여러 재료를 사용한 것에서 기인한다. 검은 현무암 토대 위에 황토색 석회암으로 된 1층이나 2층짜리 집이 세워지고, 그 위에는 화산암으로 수평의 띠나 사슬 무늬가 만들어진다. 아치와 상인방lintel에는 분홍색 사암과 초록색 현무암이 번갈아가며 사용된다. 돌의 다채로운 색채 효과는 아라비아 남부의 오랜 전통을 잘 보여준다.

* Manuel Valentine, *De terre, de paille et de bois: symbolique de l'architecture en Afrique noire*, Paris: Musée de l'Homme, 1998

1

2

3

벽돌은 거의 무한한 범위의 장식을 고안할 수 있는 매우 실용적인 재료이다. 사나에서는 위층의 장식띠를 구성하기 위해 벽돌을 사용하는데, 예를 들면 삼각형과 마름모꼴 벽돌들이 벽에서 살짝 튀어나오게 놓아 건물의 외관에 생기를 불어넣는다.

이란에서도 마찬가지여서, 벽돌 쌓기는 그들의 건물 디자인이 증명하듯 장식 예술품으로서의 새로운 지평에 다다랐다. 역사학자 스티얼린은 이렇게 회상한다. "이란의 모든 것들이 단순한 기하학 패턴에서 시작하여, 9세기 말경에 생겨난 것과 같은 구조적인 벽돌 쌓기의 유희로 발전해간다. 수평 수직으로 쌓인 벽돌들을 차례차례 혹은 부분적으로(1/2 혹은 1/4) 밖으로 튀어나오거나 안으로 들어가게 함으로써, 다채로운 색을 칠하기도 전에 무한한 풍부함과 다양함을 지닌 장식적 해결책을 얻을 수 있게 된다. 그림자와 번갈아가며 나타나는 요소들이 만들어내는 간결한 리듬은 수많은 패턴을 창조할 수 있게 하며, 그렇게 만들어진 다양한 변형들은 유목민들의 융단과 유사하다…. 이러한 기하학적 장식 디자인들은 본질적으로 반복의 원리를 기본으로 한다. 여기에서 십자가, 마름모, 쐐기, 별, 직각무늬, 육각형, 팔각형, 비스듬히 기운 사각형, 만卍자, 옥수수 껍질 무늬 등을 볼 수 있을 것이다."*

* Henri Stierlin, *Isfahan: image du paradis*, Geneva: Sigma, 1976

4

1/2/3/4
남아프리카공화국의 소토족과 은데벨레족은 집의 흙벽에 장식 디자인을 새기는 조상들의 전통을 계속해서 이어가고 있다. 아주 단순한 것부터 굉장히 복잡한 것까지 아우르는 장식 패턴들은 순수하게 기하학적일 때도 있고 소토족의 집에서처럼 꽃무늬 띠가 길게 반복되는 경우도 있다.

1

2

여러 가지 색의 벽돌을 사용하면, 그 색이 흙 성분이나 제작 과정 때문이건 혹은 덧바른 색 유약에서 기인하건 간에 상관없이 장식적 효과의 다양성이 더해진다. 예를 들어 파리 13구의 시테 플로랄Cité Florale에서는 벽돌이 건축 몰딩과 장식을 완전히 새롭게 결합하고 있는데, 줄무늬 장식, 띠 장식, 테두리 장식과 그 밖의 모든 장식 패턴들이 눈에 띄는 색조를 통해 각자 나름의 가치를 얻고 있어 건축업자가 세부적인 건축 요소들에 쏟은 관심을 드러낸다. 리제롱Liserons가와 볼루빌리스Volubilis가에 있는 몇몇 집들은 전체적으로 다양한 색의 커다란 줄무늬로 이루어져 있다.*

돌과 벽돌, 자갈, 부싯돌을 섞어 쌓는 방식은 노르망디 지방에서 꽤 대중적이며, 건축업자가 건물 외벽과 장식을 배열하는 데 있어 훨씬 큰 자유를 허락해준다.

목골 건축half-timbered construction의 경우 나라와 지역에 따라 많은 변형이 가능하며 고도로 매력적인 장식 효과를 얻을 수 있다. 독일 남부 프랑코니아Franconia의 건물들에는 각 층마다 각이 진 골조가 가로지르고 있어 십자 모양의 패턴과 교묘하게 어우러진다. 프랑스에서는 노르망디 지방인지 알자스 지방인지 아니면 바스크 지방인지에 따라 나무 조각들이 매우 다양한 장식 구조와 패턴들을 보여준다.

그리스 키오스Chios 섬의 작은 마을 피르기Pyrghi에는 회벽을 장식하는 독특한 방법이 있다. 석회를 칠한 흰 표면에 먼저 수평의 띠를 판 다음 삼각형, 원형, 반원형 등을 기본으로 하는 단순한 패턴들을 드라이포인트 기법으로 새기는 것이다.

패턴 안쪽의 흰 부분을 포크 같은 도구로 긁어내면 검은 모래로 이루어진 바탕 층이 드러난다. 어떤 집은 문 전체나 발코니 주변을 꽃이나 동물 디자인으로 꾸며서 다른 집들과 차별화된다. 발코니 아랫부분과 처마의 장식띠, 그리고 일반적으로 모든 구조적 요소들이 이러한 방법으로 장식되어 있다는 것은 매우 흥미롭다.**

* Jean-Philippe and Dominique Lenclos, "Cité florale: itinéraire chromatique," in *Hameaux: villas et cités de Paris*, Action artistique de la ville de Paris, 1998

** Jean-Philippe and Dominique Lenclos, *Couleurs de l'Europe*, Paris: Editions du Monieur, 1995

3

1/2/3

북예멘의 건물 외부 디자인은 전통적인 건축 언어의 일부이다. 석회로 칠한 기하학적 패턴은 갖가지 형태와 색의 재료들이 섞여 만들어내는 장식과 조화를 이룬다.

그리스 키오스 섬에 있는 피르기는 독특한 지역 관습을 보여주는데, 흰 회반죽 위에 새겨지거나 파인 장식 패턴들이 어두운 회색을 띤 건물 외벽에서 두드러져 보인다.

1/2 예멘
3 그리스

1

1/2/3/4

디자인과 패턴이 그려진 가옥들은 종종 전통 종교를 지켜가는 것에 대한 증거가 된다. 소토족과 은데벨레족에게 있어 장식적인 벽화 예술은 조상들의 영혼을 불러내고, 그들에게 풍요로움과 비를 내려달라고 기원하는 하나의 방법이다. 라자스탄Rajasthan에서는 가네쉬Ganesh 신의 그림이 신혼부부에게 다산과 성공을 가져다준다고 믿는다. 파키스탄 인근에 위치한 타르Thar 사막의 기하학적 장식들은 가정의 여신인 락슈미Lakshmi를 기리기 위해 만들어진 것이다.

1 남아프리카공화국의 하우텡Gauteng
2 인도의 자이살메르Jaisalmer
3 남아프리카공화국의 프리스테이트주
4 인도의 쿠리

2

3

널리 사용되는 또 다른 장식 방법은 건축 재료나 포장도료 위에 직접 그림을 그리는 것이다. 남아프리카공화국의 두 부족, 소토족과 은데벨레족은 흙벽에 굉장히 정교하고 독창적인 디자인을 그려 넣어 입체적인 효과를 강조하곤 한다. 소토족에게 색은 전통적으로 상징적 중요성을 지닌 것이다. 예를 들어 검은색은 조상, 비와 연관되고 빨간색과 황토색은 여인들의 성인식에 사용된다. 은데벨레족의 경우 두꺼운 검은 선으로 기하학적 형태를 강조한 알록달록한 벽화가 흙색 디자인과 나란히 나타난다. 상당히 현대적인 이러한 장식에는 아마도 이웃한 부족들과 차별화되고자 하는 열망이 담겨 있을 것이다. 광물 안료만큼이나 아크릴물감도 자주 사용된다.

아프리카의 사하라 사막 이남 지역에는 집 외벽을 장식적인 패턴으로 꾸미는 나라들이 꽤 많다. 대표적으로 나이지리아Nigeria, 가나Ghana, 부르키나파소Burkina-Faso, 말리Mali, 모리타니아Mauritania 등을 들 수 있다.

인도 라자스탄의 수많은 집 외벽에서, 우리는 젊은 부부에게 번영을 가져다주는 가네쉬, 즉 코끼리 머리를 한 신이 그려진 것을 볼 수 있었다. 그리고 파키스탄 인근의 타르 사막에 흙으로 지어진 집들은 광물 안료로 칠한 커다란 기하학적 디자인이 덮고 있다.

4

1

칠하거나 새긴 장식이 정기적인 보수를 필요로 하는 것과 달리, 도자기 타일로 만든 패턴은 재질과 색이 쉽게 변하지 않는 덕분에 세월의 흐름이 문제되지 않는다. '아줄레조azulejo'라는 단어는 이 재료의 특성을 완벽하게 설명해준다. 포르투갈어로 '아줄azul'은 파란색이며 '줄레즈zulej'는 매끄럽고 반짝인다는 뜻이다. 흙벽돌보다 훨씬 고운 도자기 타일은 가소성 있는 흙을 구워 만들며, 더욱 하얗게 만들기 위해 고령토를 더하기도 한다. 초벌구이를 마친 도자기 타일은 유약을 바르고 재벌구이를 한다. 색을 내는 데 사용되는 재료는 산화물인데 그중에서도 산화크롬은 초록색, 산화철은 노란색과 주황색, 갈색, 망간은 갈색과 보라색, 코발트는 파란색, 안티몬은 노란색, 구리는 초록색, 주석은 흰색을 낸다. 포르투갈은 유럽에서도 건물 외벽에 아줄레조가 가장 많이 사용되는 나라이다. 하지만 도자기는 아랍 이슬람 문명권의 주된 예술이었고 이 분야에 있어서는 서유럽 나라들보다 유리한 입장에 있었다.

우리는 집이 그곳에 사는 사람들의 능력과 창조력, 재능을 자유롭고 자발적이며 독자적인 방식으로 드러낼 수 있는 장소가 되어준다고 언급하며, 외부 장식에 대해 다룬 이 챕터를 끝마치고자 한다. 이렇게 꾸며진 집들은 지칠 줄 모르고 끊임없이 진전되는 민속 예술의 역사, 그리고 인정받지 못하는 소박한 예술 형식이 발전하는 데 도움이 된다. 이중에 어떤 집들은 매우 유명하며 국가 사적지로 등록되기도 하였는데, 그 예로 프랑스 오트리브Hauterives에 있는 '우체부 슈발Cheval의 집'이라던가 샤르트르Chartres의 묘지 관리인 레이몽 이시도르Raymond Isidore가 도자기 파편으로 장식한 '피카시에트Picassiette의 집'을 들 수 있다. 또 말란구Esther Mahlangu와 은디망데Francine Ndimande 같은 남아프리카공화국 예술가들의 벽화 장식은 전 세계적으로 유명하다.

2

3

1/2/3

포르투갈의 아줄레조는 아랍 이슬람 문명권의 주된 예술 전통을 간직하고 있다. 때로 단색으로 이루어진 경우도 있지만 보통은 다채로운 색의 에나멜 유약을 입힌 도자기 타일들이 쉽게 변질되지 않는 외벽의 기초를 이룬다. 모든 종류의 패턴이 가능하다. 일반적으로 타일이 반복적인 패턴을 이루도록 외벽 전체를 덮어 장식적인 효과를 준다. 대비되는 색을 띠 모양으로 배열해 몰딩 부분을 강조하는 경우도 있고, 성상이나 장식 패턴을 벽에 부착하기도 한다.

1/3 포르투갈의 포보아 드 바르짐
2 브라질의 파우달로Paudalho

현장 분석 ANALYSIS OF A SITE

프랑스의 비비에르 Viviers, France

1

이 책에 소개된 현장 분석들은, 일상적인 주거지에 사용되는 색채의 지역적 활용에서 눈에 띄는 특성이라든가 일관성을 염두에 두고 여기저기에서 선택한 도시와 시골의 풍경들을 함께 다룬다. 이 연구들은 주거지마다 지닌 색채범위의 각기 다른 요소들을 가능한 객관적인 방식으로 분석하기 위해 독특한 방법론에 기초하고 있다.

1968년 시작된 최초의 연구에서, 현장의 색채 구성 속에 존재하는 다양한 요인들을 쉽게 이해하는 방법을 확립하는 것이 얼마나 필요불가결한 것인지는 분명했다. 여기에 소개된 여러 가지 분석 과정은 주거지의 색에 흥미를 가진 이들에게 기본적인 도구를 제시해준다. 분석은 먼저 그곳에 사는 사람들 스스로가 그 장소와 풍경 내에서 색이 어떠한 역할을 하는지 이해하도록 돕는 것으로 시작한다. 이 분석 방법은 우리가 1982년에 쓴 책《프랑스의 색》*에, 1968년부터 프랑스의 15여 개 지역에서 수집하기 시작한 색채 조사자료chromatic data와 함께 제시되어 있다. 이 조사의 첫 번째 결과물들은 1977년 〈색채 지리학Géographie de la couleur ©〉이라는 제목으로 파리의 퐁피두센터에서 열렸던 전시를 위해 수집되었다. 이 작업은 현재까지 계속해서 전 세계를 순회하고 있다. 아틀리에 3D 쿨레르Atlier 3D Couleur의 테두리 내에서 이 작업은 신도시와 산업단지 건설, 심지어는 오래된 지역이나 보호구역을 재건하는 데 있어 지역적인 차원에서 색을 다루는 방식으로 다양하게 응용되기에 이르렀다. 또한 페인트, 유리, 플라스틱, 금속과 같은 종합적인 건축 재료와 산업 제품을 위한 색상표color chart를 고안하는 것도 가능하게 해주었다.

* Jean-Philippe and Dominique Lenclos, *Couleurs de la France*, Paris: Editions du Moniteur, 1982

1
아르데슈Ardèche 지방에 있는 도시 비비에르는 현장 분석이 진행되는 방식을 설명하기 위해 선택한 곳이다. 언덕 위에 안전하게 자리 잡은 이 도시는 광활한 지역에 걸쳐 흐르는 론Rhone 강을 굽어보고 있다.

멀리서 보면 주조색의 범위에 해당하는 두 가지 색만 또렷이 보인다. 둥근 기와로 덮인 지붕의 회색빛을 띤 분홍색과 석회를 칠한 외벽의 베이지색이 그것이다.

이 사진들은 이곳의 색채가 지닌 두 가지 중요한 측면, 즉 도시 전체의 지형학적 풍경이 띠는 영구적인 색과 하늘과 물, 식물의 일시적인 색을 동시에 보여준다.

2

3

4

어떤 독자들은 우리가 여러 군데 중에서 어떻게 한 장소를 고르게 되는지 궁금해 할 것이다. 연구하고 대화하는 과정에서 우리는 우리의 목표에 적합해 보이는 장소들에 관한 방대한 양의 정보를 얻게 된다. 우연히 선택하는 경우도 있다. 실제로 현장 조사 기간에는 의외의 장소들이 눈에 띈다.

장소 선택이 주관적으로 이루어지는 것과 달리, 현장 분석은 최대한 객관적인 방법으로 진행된다. 한 장소가 관심을 사로잡았을 때 우리가 하는 행동은 일반적으로 다음과 같다. 거리 하나를 선택하거나 특히 흥미로운 집들이 모여 있는 곳을 골라 25채의 집을 대상으로 하나 이상의 샘플을 만드는 것이다. 우리는 집집마다 차례대로 최대한 많은 분석을 진행해서 풍경 속에 자연스럽게 녹아 있는 것들을 충실하게 되살려낸다.

연속적인 단계로 전개되는 이 방법을 설명하기 위해 우리는 프랑스 남동부의 아르데슈 지방에 위치한 작은 마을 비비에르를 선택하였다. 왜 비비에르일까? 이곳은 3500여 명이 거주하는 그리 크지 않은 마을이지만, 높은 곳에서 이 도시를 찍은 사진에서 보듯이 건축적으로나 색채적으로나 일관된 풍경을 보여준다.

2/3/4
조금씩 현장에 다가갈수록 전체적인 풍경이 점점 더 명확해진다. 회색빛이 도는 분홍색 테라코타 지붕은 다양한 색상의 기와가 나타내는 여러 색조들을 담고 있다. 돌로 쌓은 벽과 포장도료들은 갖가지 질감들을 보여준다. 위에서 찍은 사진들은 주조색의 범위 대부분을 차지하는 지붕에 좀 더 비중을 두고 있다.

1

2

3

4

비비에르는 과거와 연결고리를 간직하고 있는 오래된 마을이다. 마을 이름은 동식물을 사육하는 곳을 뜻하는 라틴어 '비바리움vivarium'에서 유래한 것인데, 이곳에서 알바Alba의 골-로마Gallo-roman 마을에 식량을 공급하던 양어장들이 다수 발견되었기 때문이다.

르네상스 시대에 무역으로 번성한 이 마을은 크게 발전하였고 아름답게 꾸며졌다. 그러나 마을 윗부분은 종교 전쟁 기간에 부분적으로 파괴되고 말았다. 18세기에도 여전히 번영을 누리던 마을은 중세의 성곽보다 더 확장되기에 이르렀다.

론 강이 내려다보이는 언덕 위에 밀집되어 주변 환경과 완벽하게 조화를 이루고 있는 중심부의 지리적 위치 역시 이 마을을 선택하게 된 중요한 요인이었다.

역사적으로 유명한 다른 많은 도시들과 마찬가지로 비비에르도 여러 해에 걸쳐 복원 사업의 초점이 되어 왔고, 건물 외벽의 색채는 자치정부의 도시계획가에 의해 지정되었다. 현재 이 마을의 색채 이미지는 본래의 색과 새로운 색 사이에서 과도기적 상태에 놓여 있다.

연구 순서 The sequence of study

분석은 비비에르의 건축적 풍경이 지닌 색채 특성에 기여하는 모든 요소들을 고려하였다. 무엇보다도 건물들을 멀리서 바라보았을 때 느껴지는 두드러진 특색과 지배적인 색채 특성을 밝히는 것이 문제였다.

바로 여기에서 '거시적 시각global perception'의 개념이 시작되었다.

일정한 거리에서, 즉 거시적인 시각으로 바라본 비비에르는 몇 가지 주된 색조로 이루어진 일관된 색채범위를 보여준다. 이곳의 색채범위는 두세 가지의 색들로 한정되어 있음에도 불구하고 전혀 무미건조하지 않다.

1/2/3/4
이 두 쌍의 사진은 계절이 변화하는 것의 중요성을 보여준다. 이 풍경은 각각 1997년 1월 24일과 1998년 6월 30일에 찍은 것이다. 빛과 식물이 변함으로써 일어나는 색채의 변화를 눈여겨보자.

색에 대한 거시적인 시각에서 중요한 역할을 하여 색채범위의 풍부함에 기여하는 요소들은 여러 가지가 있다.

- 건물과 건물 사이의 색조 대비(양적 · 질적 대비)와 재료들 사이의 재질과 색 대비
- 양감과 비례. 이 둘은 풍부함과 빈약함의 관계 속에 생겨나는 건축 언어를 규정짓는다.
- 몰딩과 건축적 리듬. 곡선, 직각, 수평, 수직, 사선으로 이루어진 지배적인 선들이 이러한 리듬과 그 선들이 만나면서 생기는 빛과 어둠을 결정짓는다.
- 다양한 색들의 밝기 단계에서 발견되는 명도 대비

모든 회화 작품에서 그러하듯이 각 집의 색채 요소들은 대체로 주변의 색채적 특징에 의해 강조되며, 대비 현상을 통해 색의 상호작용이 일어난다(알버스가 이 주제에 관해 수많은 연구 프로젝트를 진행했다).*

마을에 들어서 건축 재료들에 조금씩 다가가면, 미시적인 시각이 더욱 더 풍부하고 세부적인 색채 어휘를 드러낸다. 더불어 재질과 질감은 그 입자와 표면의 특징까지 완전히 드러내 준다. 이것이 바로 라수스Bernard Lassus가 '촉각적인 지각tactile perception'이라고 부른 것이다. 그러므로 분홍빛 황토색 기와로 덮여 세월의 흐름만큼 고풍스러운 분위기를 얻은 낡은 지붕은, 마치 태피스트리와 같은 느낌을 준다. 그 속에서 각 요소들은 밝거나 어두운 고유의 명도를 가지며, 기와 하나하나는 그 자체로 색채의 우주가 된다.

장소에 대한 색채 분석은 두 단계로 나뉜다.

- 현장: 모든 색채 자료들의 기록
- 스튜디오: 현장에서 발견한 자료들의 시각적 종합

* Josef Albers, *Interaction of Color*, New Haven: Yale University Press, 1987

5

6

7

8

5/6/7/8
포장도료와 페인트는 정기적으로 새로 칠해져, 도시 계획이나 집 주인의 색 선택에 따라 도시 공간에 눈에 띄는 변화를 일으킨다. 색은 진화하고 리듬은 변화해서 때로는 똑같은 장소를 몇 년 후에 다시 찾았을 때 알아보기 어려운 경우도 있다.

색채 조사자료
Catalog of chromatic data

주조색의 범위

지붕, 벽, 바닥 색으로 이루어지는 지배적인 건축 색채는 눈에 보이는 도시 공간의 커다란 부분을 나타내며 '주조색의 범위general palette'라는 용어로 지칭된다. 특히 지붕은 시각적 중요성을 가지고 있음에도 불구하고 무시되는 경향이 있다. 지역 전통은 물론 지질 환경으로 인하여 나라와 지역에 따라 크게 달라지는 지붕은, 그 나라나 장소만의 정체성을 특징짓는 건축적 풍경을 만들어낸다. 지붕의 형태와 색은, 비비에르의 경우처럼 위에서 바라보았을 때 전체적인 풍경에 커다란 영향을 미친다.

이곳에서는 분홍빛 베이지색을 띤 둥근 기와들이 가장 주된 재료이다. 그리고 외벽이 주로 회색과 모래 빛깔로 이루어진 석조 건축물이 지배적이다. 엷은 회색은 낡은 벽들에 해당하는 반면 더 깨끗하고 따뜻한 모래 빛깔은 최근에 이루어진 보수 작업의 결과이다.

바닥은 건축물이 있는 장소에 접근할 때 처음에는 거의 인식하지 못하는 부분이다. 건물 자체와 주변 환경에 비하면, 이 부분은 마땅히 받아야 할 관심을 항상 얻지는 못한다. 단지 바닥이 발에 짓밟힐 운명이기 때문일까? 현장 분석 기간 중에 바닥을 찍은 사진들을 연구하고 그 공간을 종이 위에 2차원적으로 옮겨서 인식해 보면, 건축적 풍경의 수평면이 수직면만큼이나 많은 부분을 차지한다는 것을 깨닫게 될 것이다. 그러므로 어느 정도 훈련된 눈을 가진 사람이라면 재빨리 다양한 바닥 처리 방식의 시각적, 감각적 중요성에 관심을 기울이게 된다. 바닥은 공간의 정체성과 개성에 있어 틀림없이 중요한 역할을 하며, 재료와 색을 통해 전체적인 경관을 완성하는 데 도움을 준다.

바닥을 덮는 처리 방식은 여러 가지 기능을 가지는데, 이 기능들은 대개 상호보완적이다. 예를 들면 분할segmentaiton과 공간 구획이라는 실용적인 기능, 주로 안전과 관련되지만 정보를 주거나 지시적일 수도 있는 신호의 기능, 그리고 재료 선택에 의해 결정되는 재질과 색 배치를 통한 장식적 기능이 있다. 오래된 마을 비비에르의 바닥에는 사암이나 론 강에서 나는 자갈 같은 전통적인 재료들이 일부 혹은 전체적으로 사용되어 있다. 아랫마을에서는 아스팔트와 회반죽 같은 현대적인 재료들도 똑같이 나타난다.

1

2

보조색과 강조색의 범위

주조색의 범위는 한 채의 집이나 건물군의 색채 단계를 전달하는 데 충분하지 않다. 지붕과 벽의 색이 건물의 지배적인 색채를 결정짓는 것은 분명하지만 문과 창문, 덧문, 창틀, 토대와 같은 세부 요소들에 영향을 받아 강조되고 완성되기 마련이다. 이러한 부수적인 색들이 '보조색과 강조색의 범위selective palette'를 이룬다. 이것은 적은 범위에도 불구하고 주조색의 범위와 함께 건물에 생명력을 불어넣는 상당히 중요한 역할을 한다.

3

4

5

1/2
같은 날 시장이 열리기 전과 열리는 도중을 찍은 두 사진은, 도시 풍경을 포착하는 데 있어 우연적인 색채가 가진 중요성을 잘 보여준다. 일상적인 배경 속에서 움직이는 요소들은 건축이 있는 공간의 정적인 특성과 대비를 이룬다.

3
조사하는 지역에서 가능한 여러 재료의 샘플을 수집하는 것이 좋다. 이 샘플들이 건축의 다양한 구성 요소들의 재질과 색에 대한 최초의 증거가 된다. 샘플 수집이 어렵다면 색표본을 이용해 각각의 색을 측정하도록 한다.

4/5
하양에서 검정까지 10단계로 구성된 명도자는 현장에서 각 재료의 평균적인 명도를 확인할 수 있게 해준다. 식물을 기본으로 한 부분이 하양보다 검정에 더 가까운 것은 주목할 만하다.

6

7

6/7
사진보다 훨씬 종합적인 수채화와 색연필 드로잉은 집 한 채나 건물군의 기본적인 특성을 포착하는 데 가장 효과적인 방법이다. 색상표와 나란히 놓인 드로잉은, 집 형태에 주조색의 범위와 보조색과 강조색의 범위를 모두 채워 넣는 종합적인 재현의 대상이 된다. 덧붙여 이러한 묘사는 각각의 집이 가진 다양한 색조를 도식적으로 설명하기 위한 것이기도 하다. 맨 아랫줄은 색채범위를 전체적으로 목록화한 것이다.

일시적이며 우연적인 색
Impermanent and aleatory colors

'일시적인 색'은 빛과 식물, 물, 하늘 등 변화하는 자연 풍경의 모든 요소들을 고려한다. 이렇게 순수하게 지형학적인 요소들에 더해지는 또 다른 색채 요소는 건축물 자체와 그 주변의 변화에 쉽게 영향을 받아 '우연적인 색'이라 불린다. 계속해서 변화하여 예측할 수 없는 이러한 종류의 색들은 색채에 움직임을 부여하여 건축적 풍경에 활기를 불어넣는다. 예를 들면 창턱에 놓인 제라늄 화분, 창문에 걸린 커튼, 상점의 천막, 길을 걸어가는 사람들 자체가 선명하고 생기 넘치는 색들의 버팀목 역할을 한다. 일시적인 색과 우연적인 색은 건축물의 정적인 특성과 한 쌍을 이루는 중요한 요소이므로, 현장 연구에서 하나의 요인으로 포함해야 한다.

1

심지어 주거지의 색채범위까지도 변형을 겪는데, 본질적으로 계절의 변화, 식물의 성장, 건물 외벽의 색이 바래는 것과 그 보수로 인한 것이다. 여기에 끊임없이 변화하는 빛이 더해진다.

빛
빛은 색을 보는 데 기초가 된다. 주거지의 시각적 특성은 매 순간 달라지는 자연광의 효과에 따라 변화한다. 정오의 빛은 푸른 기미를 보이며, 아침과 저녁에는 더 붉은 기미를 띤다. 빛은 계절마다 달라지기도 하는데, 겨울이 되면 여름보다 색의 강렬함은 훨씬 약해지고 더 노랗고 차가운 색조로 바뀐다. 기후와 위도는 빛의 농도와 질에 결정적인 역할을 하며, 그 결과 한 장소의 색이 어떻게 인식되는지에도 영향을 미친다. 빛과 그림자는 건축물의 양감은 물론 지붕 타일과 석조 부분, 표면에서 느껴지는 굴곡과 재질감을 돋보이게 하여, 보지 못하고 지나치거나 예기치 않았던 건물의 특징을 드러내며 때로는 건물에 신비한 힘을 부여하기도 한다. 이러한 빛의 유희는 하늘에 떠 있는 해와 구름의 움직임과 리듬감 있게 대비되는 밝음과 어두움을 만들어낸다. 그림자는 건물을 두른 몰딩, 특히 외관을 구성하는 문과 창문 둘레의 몰딩을 강조해준다.

낡은 재료와 보수
햇빛과 날씨로 인하여 물질은 고색창연함을 얻으며 점차 낡아간다. 비비에르에서 볼 수 있듯이, 테라코타 타일의 색조와 밝기는 회벽과 비슷해질 정도로 바랜다. 지붕을 때우건 외벽을 수리하건, 특정 장소에서 일정한 간격을 두고 이루어지는 정기적인 보수는 색 변화를 초래하여 원래의 색채범위가 가진 실질적인 구성을 점차 바꿔나간다. 칠을 통한 변화 가능성은 종종 예기치 않은 혁신적인 결과로 이끄는데, 이는 독창성과 개성에 대한 집 주인의 욕구를 입증해준다.

식물
건축의 색채범위는 그 주변을 둘러싼 식물들과 매우 밀접하게 연관되어 있다. 식물은 색과 양감을 통해 공간적인 구성을 보완하는 매우 중요한 역할을 한다. 건축물을 배경으로 식물은 구조적이고 유동적인 특성을 지닌 잎과 그것이 만들어내는 구불구불한 선을 뽐낸다. 다양한 식물들은 봄과 가을에는 꽤 넓은 범위의 색조를 보여주는 반면, 여름에는 이 색채범위가 줄어들어 녹색 계열에 한정되며 계속해서 변화하는 잎이 드리우는 그림자 때문에 상대적으로 더 짙은 녹음을 띤다. 어떤 때는 식물 자체가 외벽을 이루는 경우도 있는데, 이는 벽이 지닌 색채범위에 상당한 영향을 미친다.

지붕과 벽을 타고 자라는 기생 식물들 역시 건물의 색채범위를 미묘하게 변화시킨다. 이끼는 습기를 머금은 타일과 갈라진 돌, 석면 시멘트에 갈색과 초록의 농담을 더한다.

주거지의 색은 독특한 색채 특성을 가진 여러 재료들을 함께 사용한 것의 시각적 결과로서, 앞서 설명했던 다양한 요인들, 즉 재료의 낡음과 보수, 계절에 따른 식물과 색조 사이의 상호작용, 빛의 양과 질의 지속적인 변화, 우연적인 요소들의 영향 아래 결코 변화하는 것을 멈추지 않는다.

1
대성당과 나란히 있는 광장의 절제된 색은 도시 환경의 색채 구성이 가진 여러 가지 측면을 잘 보여준다. 특히 식물의 색과 광물의 색 사이에, 그리고 영구성과 일시성 사이에 존재하는 상호보완적인 특성을 볼 수 있다. 바닥은 풍경의 전체적인 구성 속에서 그 자체로 중요성을 드러낸다. 재질과 질감은 가까이 다가갈수록 두드러져 보인다.

2

2/3
저녁 빛을 받은 건물의 외관은 색의 일시성에 주목하게 한다. 부분적으로 보수된 외벽을 미세하게 변화시키는 색은 낡은 부분과 새로운 부분 사이의 색조 대비를 드러낸다. 보조색과 강조색의 범위는 이와 같은 도시 건물들의 건축 언어를 강조해준다.

3

1

2

3

4

방법론 Methodology

1단계: 현장 분석

조사를 진행하면서 각각의 요소들을 주관적으로 이해하는 것은 가능한 한 피해야 한다.

재료 샘플 수집

건축물과 주변 환경이 제공하는 객관적인 자료에 근거해 작업하기 위해, 우리는 현장에서 수집한 다양한 재료 샘플들을 꼼꼼하게 조사하면서 연구를 진행시켜나갔다. 여기에는 바닥과 벽, 지붕, 문, 덧문의 구조는 물론 식물의 잎과 이끼 샘플처럼 일시적인 요소들도 포함된다. 우리는 건물의 색채 이미지에 영향을 미치는 우연적인 요소들에 주목했다. 이 방법에서 가장 중요한 것은 샘플들이 색과 재질감을 관찰할 수 있는 최초의 연구 대상이 된다는 것이다. 이 파편들은 원래의 맥락에서는 대수롭지 않게 보일 수 있지만, 자료를 재조합하여 색채 정보를 재구성할 때는 지대한 관심의 대상이 된다. 이렇게 모은 것들이 최종 결과를 종합하는 데 기초가 된다.

색 재현

샘플 수집이 불가능하다면 색표본을 이용하거나 그와 대응되는 색조를 재현해 색채를 목록화한다. 우리는 NCS, 팬톤Pantone 전문가용 색표본, RAL 디자인 시스템처럼 표준화된 색체계와 페인트나 포장도료 제조사에서 제공하는 색표본 여러 가지를 동시에 사용했다. 이와 더불어 우리 연구소 자체적으로 연구 결과를 토대로 한 색체계를 만들기도 했다. 이런 식으로 우리는 수천 가지의 색을 얻었지만, 이처럼 거대한 목록이라도 항상 충분치 않은 경우가 있었다. 그럴 때는 그와 대응하게 과슈로 칠하는 방법을 사용했다. 색 샘플은 분광비색계spectrocolorimeter를 이용해 만들 수 있는데 데이터를 전자 데이터베이스에 넣기만 하면 된다. 마찬가지로 데이터의 전자 복구의 불변성에 대해 의문을 가져야만 하는데, 계속해서 빠르게 발전하는 기술공학에 영향을 받기 때문이다.

재료의 밝기 단계 샘플 수집

흰색과 검은색 사이에 위치한 10단계의 회색으로 이루어진 막대형 혹은 원형의 명도자brightness scale는 분석한 재료와 건물 외벽에 나타나는 색조들의 평균적인 범위를 시각적으로 측정할 수 있게 해준다. 대부분의 재료들은 일정한 밝기를 가지고 있지 않은데, 어떤 부분은 밝고 어떤 부분은 어둡기 때문에 평균적인 명도를 판단하기가 어렵다.

5

6

7

8

현장의 색채 드로잉

드로잉은 대상을 빠르게 포착하고 시각적으로 종합할 수 있는 효과적인 방법이다. 색연필은 전체적인 색채를 구성하는 색조들을 정확하게 묘사할 수 있기 때문에 가장 실용적인 도구라 할 수 있다. 마찬가지로 수채화 역시 패턴에 색을 채워 넣을 때 추천할 만하다. 어떤 기법을 사용하든 상관없이 드로잉은 사진을 보고 그리는 것이 아니라 현장에서 그려야 한다.

스냅 사진

사진이 연구 결과를 종합하는 동안 색을 충실하게 재현해내는 데 있어 항상 유용한 것은 아니지만, 정보를 기억하고 시각화하며 나누는 데 없어서는 안 될 필수적인 시각자료이다.

1/2/3/4

길을 지나다니는 사람의 관점에서 얼핏 보면 집의 세부적인 건축 어휘가 드러난다. 석재가 그대로 드러나 있든 아니면 포장도료로 덮여 있든 간에 건물 외관은 미묘한 색과 건축 재료의 특성을 드러낸다. 틀과 목조 부분은 전체적으로 더욱 섬세하고 우아한 색을 더해준다.

5/6

옛 도시들에서 오래 되어 고색창연함을 얻거나 혹은 새롭게 보수된 다양한 재료들은 세월의 흐름을 분명하게 보여주며 그 장소의 시적인 분위기에 합류한다.

7/8

바닥의 시각적, 촉각적 중요성은 너무 자주 무시되곤 한다. 구성 성분의 성질과 색, 형태, 비율은 바닥에서의 배치에 따라 다양한 시각적 표현 형식을 만들어낸다.

1
스튜디오에서는 종합표를 만들기 위해 현장에서 목록화한 색들을 각각에 상응하는 과슈 물감 색과 맞춰본다. 재료 샘플들은 증거 자료로 조심스럽게 보관된다.

A

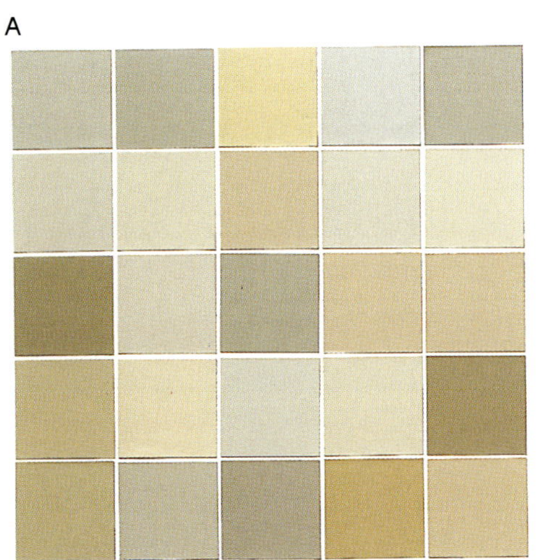

B

C

2단계: 색채 연구 결과의 시각적 종합

그 다음으로는 종합 단계를 위해 현장에서 얻은 색채 정보를 정리한다. 스튜디오에서 진행하는 이 작업은 많은 시간과 꼼꼼함을 필요로 한다. 먼저 샘플을 분석하는 것으로 시작한 다음 이것을 색상표로 바꿔 가능한 한 원래의 색조에 충실하게 재현해내야 한다.

재료 샘플을 다룰 때는 그 색채와 구조적 특성에서 벗어나야 한다. 사실 재료가 단색인 경우는 거의 없다. 많은 시간이 흘러 고색창연함을 얻은 벽돌이나 포장도료는 셀 수 없이 많은 빛깔을 함께 담고 있어서 한 가지 색으로 표현하기는 어렵다. 우리는 색표를 조합함으로써 재료의 색채 분위기를 재구성할 수 있다. 하지만 종합표를 단순하게 읽어내는 것이 필요하다면 재료를 멀리서 바라보았을 때 보이는 지배적인 색조만을 재현한다. 첫 번째 상황에서는 단순히 색상표의 색으로 바꾸는 것을 통해 복잡한 색채들을 재창조한다. 두 번째 상황에서는 색채들을 단색조로 평면화하는 것을 통해 종합이 이루어진다.

샘플 분류

그리고 나서 샘플들을 다음과 같이 여러 그룹으로 분류한다.

첫 번째 그룹

각 건축물을 구성하는 요소들의 주조색 범위와 보조색과 강조색 범위

A 마을 밖에서 바라본 외관의 주조색 범위: 건축물에서 가장 중요한 외벽과 지붕의 색을 재현한다.

B 마을 안에서 바라본 외벽의 주조색 범위

C 보조색과 강조색 범위: 문, 창문, 덧문, 창틀, 토대와 같은 선택적인 요소들을 다룬다.

이 표들은 1998년 6월 비비에르의 현장 분석에서 얻은 결과들을 보여준다. 옆 페이지에 제시된 표들은 도시 밖에서 바라본 25채의 집 외벽의 색을 재편성한 것이다. 아래의 표들은 도시 중심에 있는 루비네 광장Place de la Roubine과 인근 거리에서 기록한 25채의 집 외벽을 모은 것이다.

2
첫 번째는 건물 외벽의 색채를 표 형식으로 나타낸 것이다.

3
두 번째 표는 문과 창문, 덧문, 창틀, 토대처럼 보조색과 강조색의 범위를 지닌 다양한 요소들을 재구성한 것이다.

4
세 번째 표는 현장 분석의 최종 결과를 보여준다. 여기에는 주조색의 범위 위에 보조색과 강조색 범위의 요소들이 덧붙여져 있다. 이 종합표는 주어진 시기, 주어진 장소의 색채 상태에 대한 역사적이며 지리적인 기록이다.

2

3

4

두 번째 그룹
색채범위의 양적 · 질적 관계

건물의 구성 요소들(지붕, 벽, 문, 덧문, 창문) 각각에 해당하는 색 목록을 구성하는 비슷한 면적dimension의 샘플들은 다시 구분되는 색채범위로 조합된다. 이 과정은 서로 다른 색조들 사이의 질적인 관계를 강조해준다. 이와 더불어 특히 전형적인 건축물에서는, 각각의 건축 요소들의 비례에 맞춰 축소된 표를 통해 색조들 사이의 양적인 관계가 대략적으로 소개된다.

세 번째 그룹
요소별로 분석된 건물 전체를 이루는 색채범위

- 지붕
- 외벽
- 창문 틀
- 토대
- 문
- 창문
- 덧문

이러한 분류를 통해 만들어진 색채범위는 이 요소들 각각의 지배적인 색채들을 보여주며, 현장에서 가장 많이 활용된 색들을 확인할 수 있게 해준다.

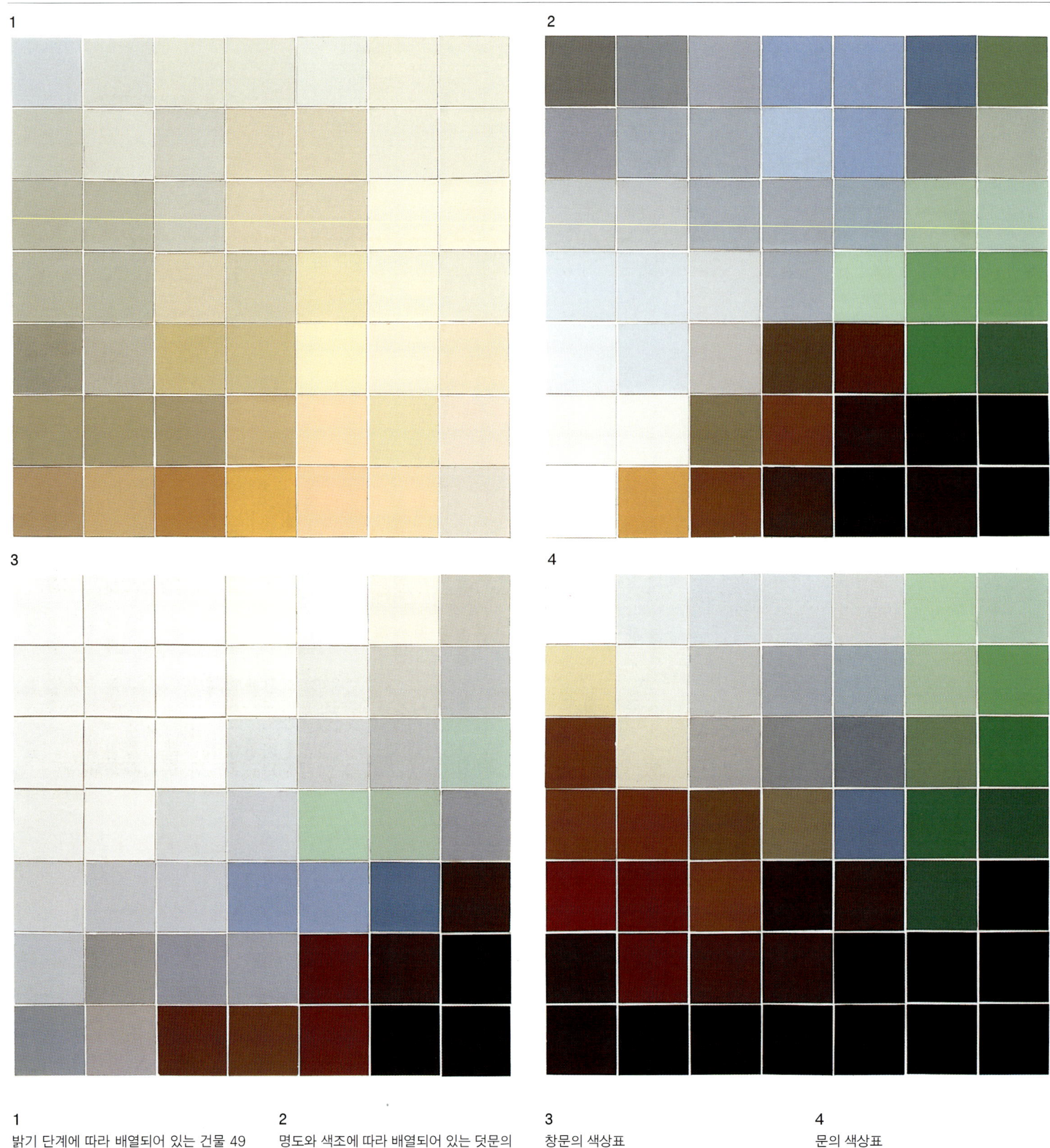

1
밝기 단계에 따라 배열되어 있는 건물 49채 외벽의 색상표

2
명도와 색조에 따라 배열되어 있는 덧문의 색상표

3
창문의 색상표

4
문의 색상표
이 종합표들은 현장의 건축에서 분석한 색들에 대한 질적 목록(색상, 명도, 채도)과 양적 목록을 조합하는 것의 이점을 실질적인 방식으로 보여준다.

5
현장 분석 중에 다양한 재료들로 이루어진 지형 샘플을 수집하는 것은 바닥과 벽, 지붕, 문, 덧문의 구성을 염두에 둔 것이다. 이 샘플들은 건축의 여러 구성 요소들의 색과 재질감에 대한 기본적인 증거 역할을 하기 때문이다. 스튜디오에서는 과슈를 이용해 색 샘플로 재현된다. 때로는 샘플 색조들이 기존의 산업 색체계나 색표본과 완벽하게 맞아떨어지기도 한다.

5

종합표

주조색의 범위 위에 보조색과 강조색 범위의 요소들을 포개어놓음으로써, 분석한 각각의 외관에 대한 종합적인 재구성이 이루어진다. 이러한 방법으로 현장에서 목록화한 25채의 가옥들이 총괄적인 표 형태로 재조합되어 현장의 색들에 대한 객관적인 증거가 된다.

종합표는 다음과 같이 여러 가지 형태를 취할 수 있다.

- '기본적 종합표'는 25개의 사각형으로 구성되고, 각각의 사각형에는 문 1개와 창문 2개가 포함되며 지붕과 토대, 덧문이 더해진다. 환경에 따라 외부 요소들이 더욱 분명한 방식으로 재현되기도 하는데, 예를 들어 목골구조나 둥근 아치문, 장식띠와 처마돌림띠 cornice 같은 지역적인 건축 요소들이 그러하다.

- '해설적 종합표'는 연구한 25채의 외부 색채를 표현하는 또 다른 간단한 방법으로, 현장의 복잡한 건축물을 고려하기 힘들다고 판단될 때 사용한다.

여러 종합표들을 비교해보면 마을마다 각각 다른 건축군들의 색채적 특수성이 훨씬 분명하게 드러난다. '색채 지리학'의 실체가 분명히 나타나는 것이다.

덧붙여 대부분이 날짜가 명기된 우리의 연구들이, 주어진 장소의 재료와 색의 변화를 조명해 보는 비교 연구를 이끌어낼 수 있을 것이라 생각한다.

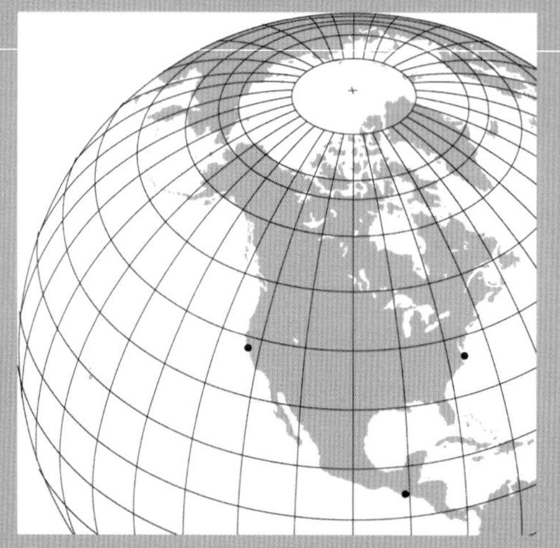

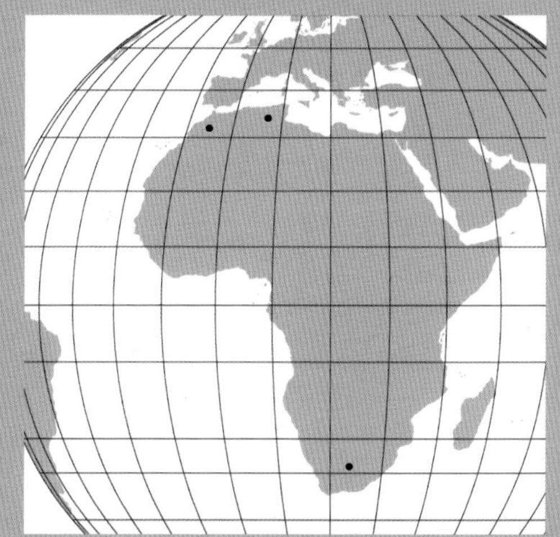

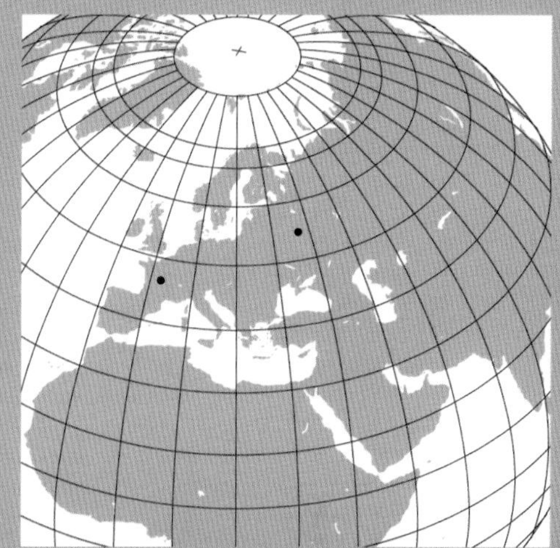

미국 THE UNITED STATES
샌프란시스코 SAN FRANCISCO

1

만을 내려다보며 돌출되어 있는 반도의 작은 어촌이었던 샌프란시스코는, 1848년에 발견된 금광으로 인해 하룻밤 사이에 갑자기 변화하였다. 서부 해안을 통틀어 가장 중요한 도시가 되면서 항구가 발전되어야 했고, 도시의 언덕 꼭대기부터 바다까지 이어지는 격자선상에 놓여 동부 해안과 연결해주는 철도 건설이 필요해진 것이다.

1906년 4월 18일에 발생한 강한 지진이 도시 전체를 뒤흔들고 끔찍한 화재를 일으켰다. 불은 큰 건물들은 물론 빠르게 늘어나는 인구를 수용하기 위해 지어진 빅토리아 양식의 목조 가옥 48,000채를 거의 대부분 태워버렸다. 하지만 그 즉시 도시는 복구되기 시작하였고 1915년에는 파나마 태평양 국제 박람회가 성공적으로 개최되었다.

오늘날 높이가 낮은 빅토리아 양식의 가옥들은 대도시의 마천루 어깨 부분을 스치며, 신세계의 현대성과 구세계의 매력을 함께 느끼게 한다. 이 목조 가옥들은 1850년부터 제1차 세계대전에 이르는 각기 다른 시기에 지어졌음에도 불구하고 일반적으로 빅토리아 양식으로 분류되며, 애정을 가지고 그 집들을 복구하거나 혹은 완전히 재건축한 주민들의 자부심이다. 대부분의 주택이 빅토리아 양식인 샌프란시스코는 세계에서 가장 큰 도시가 된 것에 긍지를 가질 만하다. 이러한 건축 양식은 경제 성장과 산업 기술의 진보로 부를 얻은 신흥중산층의 산물이다.

1
샌프란시스코의 색채적, 건축적 풍경이 지닌 특징 중 하나는 수많은 빅토리아 양식의 가옥들이 언덕을 따라 길게 늘어서 있다는 것이다. 1850년에서 1915년 사이에 지어진 집들이 오늘날에도 여전히 15,000~45,000여 채에 이른다. 카탈로그를 보고 아메리카삼나무를 사용해 나란히 지어진 집들을 선택하면 나머지 건축 세부와 색채는 집 주인의 취향에 따라 꾸며지게 된다(1973년에 찍은 사진).

2

2
보호용 도료를 칠한 목조 가옥들은 정기적으로 외벽을 다시 칠해주어야 하는데, 집주인의 취향이나 그 당시의 유행에 따라 굉장히 다양한 색들을 선택할 수 있다. 샌프란시스코에서 찍은 이 사진의 색채범위를 보면 세계 전역에 걸쳐 존재하는 수많은 영국계 도시에서처럼 검정이 보인다.

1

2

1/2
샌프란시스코의 목조 가옥 전부를 집어 삼킨 일련의 화재 이후, 도시 중심부에 벽돌을 사용할 것을 요구하는 새로운 법령이 나타났다. 철제 비상계단은 안전에 기울이는 주민들의 관심에 대한 또 다른 해결책이었다. 가벼운 느낌의 철제 계단과 난간은 보통 외벽과 같은 색으로 칠해진다. 계단이 드리우는 그림자는 건물의 몰딩에 독특한 '언어'를 부여한다.

1

대량으로 사용할 수 있는 아메리카삼나무는 이상적인 건축 재료이다. 유연하고 자르기 쉬운 이 나무는 엄청나게 다양한 형태와 상상력 넘치는 장식을 가능하게 해주며, 카탈로그에서 선택한 집의 외벽을 개성적이고 독창적인 방식으로 장식하는 데 사용된다. 작은 탑turret, 주랑 현관colonnade entryway, 스테인드글라스, 기하도형과 꽃문양으로 꾸며진 샌프란시스코의 빅토리아 양식 가옥들은 매우 독자적인 건축적 특징을 드러내며 똑같이 생긴 집은 단 하나도 없다. 가장 빈번하게 나타나는 양식은 영국 건축가 이스트레이크Locke Eastlake와 벽돌림띠stick에서 이름을 딴 스틱-이스트레이크Stick-Eastlake로, 이탈리아 르네상스 건축의 네모난 창문과 좁은 입구에서 영감을 얻은 왕관 형태의 문과 창문을 볼 수 있다. 또한 뾰족한 지붕과 현관, 작은 탑에서 확인할 수 있듯이 1860년을 전후로 영국에서 유행했던 앤 여왕 시대 양식 역시 지배적이다. 알라모Alámo 광장에 위치해 있는 앤 여왕 시대 양식의 가옥들은 1884년에서 1895년 사이에 카바너프Matthew Kavanough가 지은 것으로, 샌프란시스코에서 가장 유명하다. 모든 집들이 각기 다른 양식으로 지어졌음에도 불구하고 벽에서 튀어나온 돌출 창문이라는 공통점을 지니고 있는데, 안개가 자주 끼는 이 도시에서 방을 밝고 상쾌하게 해주는 동시에 공간을 넓혀준다는 이점이 있기 때문이다.

빅토리아 양식 가옥들은 '페인티드 레이디스Painted Ladies', 즉 '치장한 숙녀들'이라는 이름으로 알려져 있다. 나무는 강렬한 햇빛과 안개, 습기를 견뎌내야 하기 때문에 두꺼운 보호칠이 필요하다. 이미 1850년부터 사람들은 예를 들어 층마다 다른 색으로 칠하는 등 집의 각 부분들이 다채로워 보이도록 여러 색조의 페인트를 사용했다. 무엇보다도 큰 목적은 건축물을 강조하는 것이었다. "페인트칠은 보호하는 용도뿐 아니라 집의 아름다움에 있어서 엄청난 중요성을 가진다."*

* E. C. Hussey, 1874, in M. Larsen and E. Pomada, *Painted Ladies: Those Resplendent Victorians*, New York: E. P. Dutton, 1978.

1/2/3
오늘날 '페인티드 레이디스'는 도시의 건축 유산으로 지역 단체의 보호를 받으면서 정기적으로 다시 칠해지고 보수되고 있다. 피어스 스트리트Pierce Street와 퍼시픽 애비뉴Pacific Avenue를 따라 걸어 내려가다 보면 항상 작업 현장을 발견할 수 있으며 종종 준비된 페인트 색에 놀라게 된다. 때로는 건물 앞에 세워져 있는 차 색이 가옥의 영구적인 색과 완벽하게 조화를 이루기도 한다. 단순히 우연의 일치인 것은 아닐 것이다.

2

3

1

2

1/2/3
작은 탑과 처마돌림띠, 난간, 기둥을 비롯해 너무나 많은 장식 요소들이 각각의 집들에 특성을 부여한다. 이 장식 조각들은 증기로 나무를 깎는 기계를 통해 대량 생산된 것이다. 집마다 외관은 다르지만 모두 벽에서 튀어나온 창문이 있어 공간을 넓혀주고 더 많은 빛을 받게 해준다.

3

그러나 20세기 전반에 걸쳐 빅토리아 양식 가옥들의 외관은 무시되었고 절망적인 상태에 이르렀다. 제2차 세계대전 중에는 전함에 사용되고 남은 칙칙한 회색 페인트로 칠해지기까지 했다. 1960년대가 될 때까지 기다릴 필요가 있었다. 이때 샌프란시스코 색채 운동the San Francisco Colorist movement으로 인해 빅토리아 양식의 가옥들은 재탄생하게 되었다. 빨강, 노랑, 파랑, 분홍, 초콜릿색, 호두색 등 기발한 색들이 모두 허용되었다. 이 운동이 일어난 원인은 과학기술이 가져온 비인간화와 획일적인 건축에 대한 반작용, 독창성과 개성을 표현하고자 하는 주민들의 욕구, 과거의 유산에 새로운 생명력을 불어넣고 보존하고자 하는 열망 등 다양하게 찾아볼 수 있다. 샌프란시스코에 있는 빅토리아 양식 가옥들의 새단장은 블리스풀 페인팅Blissful Painting, 플라잉 컬러Flying Colors, 컬러 컨트롤Color Control 같은 디자이너 그룹들과 함께 시작되었다. 한 집의 외벽에 24 종류의 색채를 혼합하는 보수 작업을 앞에 두고, 예술가이자 디자이너인 동시에 컬러리스트이기도 한 미거Foster Meagher는 건물의 역사와 위치, 햇빛과 험한 날씨에 노출되는 정도, 새로운 색채범위가 도시 환경에 미치는 영향을 고려하여 상대적으로 절제된 색채범위를 구상해냈다. 그의 색채 계획에는 건축의 다섯 가지 기능에 상응하는 다섯 가지 색조가 포함되었다.

《외부의 색채》*에서 포터Tom Porter는 그 기능들에 대해 이렇게 정의했다.

첫 번째는 평평한 벽면을 차지하는 '바탕색body color'으로, 주로 명도가 높은 색으로 채워진다. 두 번째는 그가 '건축적'이라고 묘사한 색채, 즉 토대나 벽의 돌출부, 기둥과 같이 실질적인 기능을 하는 모든 부분에 사용되는 채도가 높은 색이다. 세 번째는 한 가지 혹은 한 쌍의 강조색으로, 강렬한 색상이 문틀과 창문틀, 기다란 장식띠 부분에 사용된다. 네 번째는 명도가 낮은 어두운 색으로 별로 아름답지 않은 넓은 부분이 물러나도록 돕는 '그림자' 역할을 한다. 끝으로 다섯 번째 색은 예비로 남겨두는 명도가 높은 색으로, 부가적인 건축 장식을 강조해야 할 때 사용된다.

* Tom Porter, *Colour Outside*, London: The Architectural Press, 1982.

1

2

3

집 주인들이 빅토리아 양식 가옥들의 건축적 특성을 복구하도록 장려하기 위해 수많은 단체가 만들어졌다. 이러한 단체에서는 과거를 보존함으로써 미래에 투자하는 것이 관건이다. 예를 들어 FACEFederally Assisted Code Enforcement: 연방정부 보조 건축규정 집행기관와 RAPRehabilitation Assistance Program: 복원 보조 프로그램는 알라모 광장의 몇몇 집 주인들이 공공기금을 통해 집을 우아하게 복구할 수 있게 해주었다.

1987년 8월에 피어스 스트리트와 퍼시픽 애비뉴를 따라 진행된 우리의 색채 연구는, 몇몇 순수주의자들이 '페인티드 레이디스'에 포함시키지 않는 빅토리아 양식 가옥들에 초점을 맞추었다. 그러나 라슨Larsen과 포마다Pomada를 다시 참고해보면, 우리가 연구한 집들이 다음과 같은 범주에 해당한다고 결론지을 수 있다. "…빅토리아 양식 건물은 균형 잡혀 있고 색과 건축이 적절하게 어우러진다. 세 가지 이상의 대비되는 색들로 칠해지며, 색은 주름이나 물결 장식을 돋보이게 하는 데 사용된다."

4

1/2/3/4
빅토리아 양식의 가옥들 사이에 가끔 현대적인 집들도 있다. 이러한 집들에 칠해진 색이 훨씬 더 차분하며 흰색으로 윤곽이 둘러져 있다.

5

6

7

5/6

이 두 표는 1987년에 샌프란시스코의 피어스 스트리트와 퍼시픽 애비뉴를 따라 기록한 색들을 요약한 것이다. 외부에서 바라본 색채를 나타낸 왼쪽 표는 모래 빛깔과 엷은 회색 색조가 지배적인 가운데 갈색과 검은색, 녹색과 같은 몇몇 어두운 색조들에 의해 더욱 강조되고 있다. 오른쪽 종합표는 주조색의 범위와 보조색과 강조색의 범위를 통합한 것으로, 흰 목조 세공 부분에 의해 강조된 중간 색조들을 보여준다.

8

7/8

1860년대 말 이탈리아 르네상스 양식에 영감을 얻은 이탈리아식 건축이 나타나기 시작했다. 처마돌림띠, 원형 창문과 문 틀 둘레의 건축적 세부에서 이를 확인할 수 있다. 이 집들은 모두 비슷한 모습과 명도를 가지고 있음에도 불구하고 난색과 한색이 번갈아 나타나면서 저마다 개성적인 색채를 드러낸다.

그리니치빌리지 GREENWICH VILLAGE

'빌리지the Village'라고도 알려진 뉴욕의 그리니치빌리지는 월 스트리트Wall Street, 바워리the Bowery, 차이나타운과 함께 이 도시에서 가장 오래된 구역인 맨해튼Manhattan 남부를 이루고 있다. 처음에는 인디언들을 사냥하던 네덜란드인들이 점령했던 이 지역은 17세기 말에 영국인들의 차지가 되면서 '그리니치'라는 이름을 얻었다.

1

1
1983년 그리니치빌리지에서 얻은 건물 외벽 샘플들은 뉴욕의 이웃 동네인 이곳에 사용되었던 색과 재료를 증언해준다. 이렇게 단순한 색색의 조각들만으로도 도시의 색채 분위기를 꽤 분명하게 그려볼 수 있고, 장소에 대한 본질적인 기억을 재구성할 수 있다는 것은 꽤나 흥미롭다.

2/3
1983년과 1997년에 워싱턴 플레이스 Washington Place를 찍은 두 장의 사진은, 도시에서는 색의 일시성은 물론 우연적인 색채들이 중요한 역할을 한다는 것을 보여준다. 자동차들과 상점의 차양들, 보행자들은 변화하는 색조의 덧없음을 강조해준다.

부유한 뉴요커New Yorkers들의 소유였던 일부 농지가 뉴욕시의 확장에 따라 주택 부지로 전환되기 전까지 그리니치빌리지는 시골의 농업 지역이었다. 19세기 초에 천연두와 황열병 같은 전염병을 피해 항구에서 이주해 온 사람들은 이곳을 안전한 피난처로 여겼고, 인구는 눈에 띄게 늘어났다. 격자 구조로 미리 구상되었던 1811년의 도시 계획에도 불구하고 새로운 거주민들은 자주 이용하는 길을 따라 집을 지었고, 그로 인해 꾸불꾸불하고 복잡한 모양의 특색 있는 거리들이 형성되었다.

1820년대 그리니치빌리지의 좁은 길들은 주로 중산층 가족들과 상인들, 전문기술공들로 구성된 주민들을 위해 지어진 2층, 3층짜리 벽돌 건물들로 채워졌다. 그와 동시에 인근에 이민자들의 거대한 무리가 자리 잡으면서 주거 환경의 질은 급속도로 떨어지게 되었다. 그러자 이 구역은 고요함과 고립성, 저렴한 집세로 젊은 예술가들을 끌어 모으기 시작하였다. 7번가의 건설과 지하철의 출현으로 고립감은 상대적으로 더욱 커졌다. 그리니치빌리지는 마치 도시의 심장부에 있는 작은 섬처럼 여전히 독특하게 넘쳐나는 매력을 간직하고 있다.

2

3

1

1
그리니치빌리지 중심부의 그린 스트리트 Greene Street에는 철제 보강재와 파사드 facade를 지닌 1850~60년대의 아파트 건물들이 줄지어 늘어서 있다. 서로 대조를 이루는 외벽의 색채는 도시 풍경에 리듬감을 부여한다.

2

3

4

5

2/3/4/5
예술가들과 작가들이 사는 '빌리지'의 조용하고 작은 골목길에는 3층을 넘는 건물이 거의 없다는 것이 장점이다. 때로는 색이 칠해져 있기도 한 이 벽돌 건물들은 영국과 네덜란드의 오래된 도시들을 떠올리게 하는 색채범위를 가지고 있다.

2/3 블리커 스트리트Bleecker Street
4 베드포드 스트리트Bedford Street
5 게이 스트리트Gay Street

1

1/2
동일한 형태의 집들이 줄지어 늘어선 배치 row-houses는 건축적인 면에서나 색채 면에서 모두 어느 정도의 엄격함을 드러낸다. 벽돌 자체의 색을 그대로 남겨두었건 혹은 색을 칠했건, 이 주거용 건물들은 건축가가 건축 디테일과 색에 쏟은 관심에서 기인한 우아함을 보여준다. 하양으로 장식된 창문과 문에서 보이는 보조색과 강조색의 범위는 원재료나 포장도료의 색을 부각시킨다. 포장도료가 칠해진 색은 각각의 집마다 개성을 부여한다.

1983년 7월에 진행한 우리의 연구는 주로 베드포드, 설리번Sullivan, 크리스토퍼Christopher 스트리트에 일렬로 늘어선 벽돌집들을 다루고 있다. 대조적인 색조들로 칠해진 건물 외벽에 노출되어 있는 수수한 색의 비상계단들은 뚜렷하고 반복적인 짜임 구조를 형성한다. 19세기 초의 집들은 두 층과 창문이 달린 가파른 지붕으로 통일된 건축 양식을 보여준다. 벽돌로 된 외관에 석재는 거의 사용되지 않았는데, 문과 창문의 상인방만 대리석과 사암으로 만들어졌다.

조지 왕조 양식Georgian style의 나무 현관문과 처마도리architrave를 받치고 있는 도리스식Doric style 혹은 이오니아식Ionic style의 기둥만이 눈에 띄는 부의 상징이다. 3층이 종종 다락방mansard을 대신하였고 건물 정면에는 처마돌림띠가 새로 더해졌다. 보조색과 강조색이 쓰인 다른 건축 요소들과 마찬가지로, 이 부분도 매우 밝거나 반대로 매우 어두운 색조로 칠해지는 외벽과 대비를 이룬다.

재료와 색의 특수성은 그 지역의 건축과 밀접하게 연관되어 있어 지역 건축에 매우 특징적인 성격을 부여한다는 것을 알 수 있었다. 그리니치빌리지는 풍부하고 다양한 색채범위에도 불구하고 건물의 규모면에서는 나름대로 통일성과 일관성을 유지하여, 매우 개성적이면서도 조화로운 도시 공간을 만들어내고 있다. 이는 도시 건축 유산의 정체성에 색이 미치는 영향을 특히 잘 보여주는 좋은 예라 할 수 있다.

1

2

3

1/2/3

소호Soho와 그리니치빌리지에는 짙은 빨강과 회색의 벽돌 색조가 지배적이다. 이처럼 비교적 수수한 색조들에 가끔씩 끼어드는 흰색과 크림색, 밝은 회색이 뉴욕의 도시 풍경에 강렬한 개성을 부여한다.

1 그린 스트리트
2/3 블리커 스트리트

4

5

4/5
두 사진은 14년의 간격을 두고 찍은 설리번 스트리트의 모습이다. 다시 한 번 도시환경에서 일시적인 색채가 지닌 중요성을 눈치챌 수 있을 것이다.

1

2

1/2

19세기부터 지어진 뉴욕 건축물들이 지닌 독특한 요소들 중 하나는 건물 외벽에 있는 그물망 구조의 철제 비상계단이다. 이 계단은 1835년의 대화재 이후에 거주자들의 안전을 위해 의무적으로 설치하게 된 것이다. 계단의 가느다랗고 섬세한 골조가 드리우는 그림자는 시간에 따라 변화하며 그래픽적이면서도 리드미컬한 효과를 만들어낸다.

1 그린 스트리트
2 크리스토퍼 스트리트

1

1
나폴리, 이스탄불과 같은 위도상에 있는 뉴욕의 빛은 너무나 강렬한데, 이 빛은 도시 공간을 분할하고 그 대비를 더욱 강조해주는 빛과 그림자의 감각적인 유희를 만들어낸다. 그렇기 때문에 평범한 거리의 모퉁이조차 그래픽적인 표지판과 사물, 색채가 병치되어 있는 그림 같은 구성이 된다.

2

3

4

5

2/3/4/5
매우 그래픽적인 건축 언어를 지닌 그리니치빌리지 건물들의 외관은 밝음과 어두움, 따뜻함과 차가움의 대비로 인해 더욱 강렬해진다. 특히나 검은색과 회색의 사용이 눈에 띈다.

1

3

2

4

1/3
두 표 중 하나는 그리니치빌리지에서 연구한 건물들의 외벽 색(주조색의 범위)을 재구성한 것이고, 다른 하나는 주조색의 범위와 보조색과 강조색 범위가 섞여 있는 건물 외벽을 전체적으로 종합한 것이다. 1983년에 이루어진 이 분석은 어두운 색과 밝은 색이 균등하게 분포되어 있음을 보여준다. 어두운 색조들이 적갈색, 검은색, 회색의 혼합이라면 밝은 색조들은 흰색부터 연녹색, 상아색, 베이지색에 이르기까지 다양하다.

2/4
두 스케치는 각각 워싱턴플레이스와 블리커 스트리트를 그린 것이다. 색연필 드로잉은 건물의 색채를 구성하는 요소들을 실용적인 방법으로 파악하고 쉽게 종합할 수 있게 해준다.

5

6

5/6
어떤 장소의 색채를 파악하는 것은 그것을 판단하는 거리에 달려 있다. 보행자들의 관점에서 보면 색은 재료가 지닌 질감이 돋보이게 돕는 것이다. 이 경우에는 차곡차곡 쌓여 규칙적인 패턴을 형성하고 있는 벽돌들의 질감이 눈에 띈다.

1

2

3

4

5

1

샌프란시스코와 뉴욕 건축물들의 외관을 몇 가지 타입으로 요약하기는 힘들다. 샌프란시스코에서는 집 주인들이 정기적으로 외벽의 색을 바꾸어주곤 하는 빅토리아 양식의 집 몇 채에만 초점을 맞추었다.

뉴욕에서는 건축 규모와 색채범위의 일관성을 이유로 그리니치빌리지를 선택하였다. 이 삽화들은 연속되는 건물 외벽과 세부적인 요소의 특징적인 색채에 리듬감을 부여하는 두드러진 대비 효과를 뚜렷하게 표현하고 있다.

2/3/4/5

설리번 스트리트의 아파트 건물들은 영국 신고전주의neoclassicism의 영향을 받았던 식민지 시대 이후를 증언해준다. 특별히 정교하게 만들어진 입구 양 옆으로는 창문이 나 있고 위쪽에는 부채꼴 모양의 장식이 더해지기도 한다. 일반적으로 순백색의 틀 안쪽을 어두운 색으로 칠한 현관문을 볼 수 있다. 검정, 회색, 붉은 벽돌색의 외벽에 하양으로 강조점을 찍은 건물들은 런던과 암스테르담 거리에 나타나는 색채 스펙트럼을 연상시킨다.

과테말라 GUATEMALA

우리가 과테말라를 방문했던 1984년, 라틴아메리카의 이 아름다운 나라에서는 20여 년째 인디언들과 군사독재정권 사이에 유혈분쟁이 계속되고 있었다. 멕시코에 망명해 있던 젊은 인디언 리고베르타 멘추Rigoberta Menchú는 자신의 민족이 위엄 있는 삶을 얻고 스스로의 정체성을 찾을 수 있도록 용감하게 싸웠다. 콜럼버스Christopher Columbus가 아메리카 대륙을 발견한 지 500주년이 되던 1992년, 그녀는 '사회 정의와 서로 다른 민족들 간의 화해에 대한 공헌'을 인정받아 노벨 평화상을 수상하였다.

1

1
과테말라의 옛 수도 안티구아Antigua는 여러 차례의 지진으로 파괴되었지만, 폐허 속에 여전히 남아 있는 몇몇 건축물들은 영광스러웠던 과거를 짐작케 한다. 바로크 건축물들은 제쳐놓고, 우리는 화산의 푸르른 비탈을 배경으로 소박한 주택들이 일렬로 늘어서 있는 이 길이 뿜어내는 매혹적인 색채들에 초점을 맞추었다.

멕시코 남쪽에 위치한 비교적 작은 나라인 과테말라는, 토착 언어로 '나무들의 땅'이라는 뜻을 가지고 있다. 다양한 자연 경관을 지닌 이 나라는 기후 경계선 역할을 하는 두 산맥으로 둘러싸인 고원지대의 중앙에 위치하고 있으며, 고도에 따라 특징을 달리하는 일련의 계단식 농지가 펼쳐져 있다. 근래에 여러 번에 걸쳐 일어난 화산 분출은 이 나라의 역사에 크게 영향을 미쳤는데, 가장 주목할 만한 것은 수도를 이전하게 된 것이다.

2/3
특정한 문화에서 특정한 색을 빈번하게 사용한다는 것은 놀라운 일이다. 이 사진은 건물 외벽에 지배적으로 사용된 청록과 노랑 색조를 보여주며 색채 지리학이라는 개념을 다시 한 번 확인해준다. 이곳 주민들에게 인기 있는 것이 분명한 선명한 색채 대비는, 색채의 구성과 조합이 한 인구집단의 취향과 문화적 정체성을 어떻게 표현하는지 보여준다.

2 솔롤라Solola
3 안티구아

2

3

과테말라 북부에 있는 페텡Petén은 뜨겁고 습한 기후를 지닌 낮은 고도의 석회암 지대이다. 이곳에는 마야 문명의 웅장한 유적들이 남아 있는 거대한 열대성 숲이 있는데, 화려한 색채의 새들과 원숭이들이 나무 사이를 옮겨 다니며 이 숲을 지켜 왔다.

이렇게 서로 다른 자연 조건처럼, 지역마다 짓는 농사의 종류도 굉장히 다양하다. 고지대에서는 인디언들이 아주 작은 구획의 땅에 나라 전체를 먹여 살리는 데 필요한 옥수수와 밀, 야채를 기른다. 보다 더운 지역에 있는 크고 현대적인 대농장에서는 사탕수수와 면, 카카오, 바나나를 재배한다. 커피는 해발고도가 1800m 이상 되는 곳에서 재배한다. 이 수확물들과 함께 새롭게 재배되기 시작한 과일과 야채들은 수출을 위한 것이다. 최근 들어 고급 육류는 물론 석유와 니켈 같은 또 다른 산업 분야 역시 성장하고 있다.

과테말라는 풍부한 자연 자원에도 불구하고, 토지 분배와 같은 근본적인 문제로 인해 수십 년에 걸쳐 점차 국력이 약화되고 있다. 실제로 토지 대부분을 극소수의 지주들이 소유하고 있는 반면, 국민의 대다수를 차지하는 인디언들은 대농장에서 계절마다 일하는 단기 노동자이거나 정착지에 종속된 사용권자로 노동하면서 살아가는데, 이들은 소유주를 위해 여러 가지 일들을 하는 대가로 작은 땅을 가지게 된다. 인디언들은 '라디노Ladino'에게 저항할 힘이 없으며, 국민들의 사고방식에 뿌리 깊이 박혀 있는 인종차별 또한 받아들일 수밖에 없다. 오늘날에는 인디언들의 인구가 급속도로 늘면서 이러한 문제가 더욱 더 심각해지고 있다.

1

2

3

4

'라디노'라는 용어는 스페인 식민시절에 카탈로니아 말Catalan을 완벽하게 구사하는 인디언들을 가리키는 말이었다. 그러나 오늘날의 인디언들에게 '라디노'는 백인, 더 넓게는 인디언 고유의 가치를 거부하고 마야인의 토착어를 쓰지 않으면서 스페인의 전통을 주장하는 과테말라 사람들을 뜻하는 말이 되어버렸다.

과테말라는 종교적인 측면에서 스페인 식민시대의 산물인 가톨릭과 옛 마야의 토착종교가 융합되어 있는데, 특히 옥수수 재배 과정에서 치루는 의식에서 이러한 양상이 두드러진다. 실제로 옥수수는 이들을 먹여 살리는 양식일 뿐 아니라 중요한 종교적 상징이기도 하다.

마야인들이 '우리가 먹는 것이 곧 우리'라고 말하는 것은 당연하다. 그들은 신들이 옥수수를 갈아 그 가루로 인간을 만들었다고 믿으며, 이 작물은 새벽부터 황혼까지, 탄생부터 죽음까지 늘 그들의 생명을 유지해주는 원동력이다. 이들에게 삶은 황금빛 '신의 은총gracia'을 얻기 위해 '옥수수를 심는 것milpa'이다.

5

6

7

1/2/3/4/5/6/7/8
이 두 페이지에서는 다양한 색으로 칠해진 건물 외관을 볼 수 있는데, 난색 계열과 한색 계열이 번갈아가며 나타나는 선명한 색조 대비를 느낄 수 있을 것이다.

솔롤라, 안티구아, 호코테낭고 Jocotenango

'마야'라는 이름의 기원이기도 한 옥수수의 재배 사이클은 우리의 계절 개념보다 훨씬 더 견고하게 이들의 한 해를 지배한다. "밭에서 옥수수 작물을 돌보는 것이 남자들의 신성한 의무인 것처럼, 아궁이에서 옥수수로 음식을 마련하는 것은 여자들의 신성한 의무이다."*

색채는 오늘날의 건축과 전통 공예품에도 상당히 중요한 역할을 한다. 우리는 포폴 부Popol Vuh: 마야-키체족의 경전를 보면서 이러한 색채들이 세상에서 땅의 위치에 대한 특별한 시각에 따라 뚜렷한 상징적 무게를 지닌다는 것을 발견했다. 실제로 창조의 신들은 세계의 네 구석에 각각 특정한 색을 부여하였다. 태양신이 떠오르는 동쪽은 빨강, 매일 저녁 무시무시한 그림자 속으로 태양이 사라지는 서쪽은 검정, 태양이 절정에 달하는 남쪽은 노랑, 비를 내려주는 바람이 불어오는 북쪽은 하양이었다. 그리고 이 마름모꼴의 중앙에 극히 중대한 다섯 번째 색이 있는데, 바로 물과 풍요로움을 상징하는 청록이다. 예를 들자면 티칼Tikal의 사원들은 태양의 색이자 신의 음료인 피를 뜻하는 빨강으로 칠해진다.

* Jeffrey becom and Sally Jean Aberg, *Maya Color: The Painted Villages of Mesoamerica*, New York: Abbeville Press, 1997.

8

시장이나 종교적인 축제가 열리는 동안에는 거리 어디에나 밝고 선명한 색조의 인디언 전통 의상들이 넘쳐난다. 마야인들의 문화적 정체성을 가장 잘 표현한 것 중 하나로 전통 의상을 들 수 있는데, 이는 입는 사람의 나이와 사회적 지위, 출신지에 따라 스타일과 패턴, 색이 다르기 때문에 신분증과 같은 역할을 한다. 이 직조물에는 전통적인 주제와 새로운 주제가 한데 섞이고, 마야의 패턴과 상징이 식민지 시대의 그것과 혼합된다. 기계로 만든 직물의 유입에도 불구하고 대부분의 옷은 여전히 손으로 짠 것들이다. 모든 인디언 여인들이 이 일을 하는데, 여러 달 동안 온 힘과 정성을 쏟아 직물을 짠 후, 자연에 대한 애정이 드러나는 새나 꽃의 양식화와 기하학적인 패턴을 폭발적인 색채로 수놓아 멋진 '우이필huipils'을 만든다.

현대적인 염색법이 점차 콜럼버스 이전 시대부터 사용되었던 전통적인 염료, 즉 식물이나 동물, 광물을 기본으로 하는 천연 염료를 대체해가고 있다. 코스타리카Costa Rica와 니카라과Nicaragua 해안을 따라 발견되는 연체동물 푸르푸라 파투라Purpura patula에서 추출한 보라색은 직물에 매우 특별한 가치를 부여한다. 이것은 종교적인 축일을 위한 색이다.

풍부한 색채의 인디언 의상들은 아주 세밀한 부분까지도 우리의 관심을 사로잡는다. 길게 땋아 내린 검은 머리카락 사이로 보이는 선명한 색깔의 리본은, 우리 여행의 본래 목적인 주거지의 색마저 잊게 할 정도로 인상적이었다. 도시나 큰 마을의 건축물과 시골에서 볼 수 있는 건축물은 구분할 필요가 있다. 시골의 건물은 초라한데, 보통 짚이나 야자잎으로 덮인 초가지붕 아래 온 가족이 함께 쓰는 단 하나의 공간과 바닥에 놓인 돌판에 불을 피우는 조그만 부엌으로 이루어진다. 고도가 높은 산간지방의 오막살이들은 믿을 수 없을 만큼 훨씬 더 빈곤해서 지푸라기, 식물 뿌리 등 손에 잡히는 것이라면 무엇이든 흙과 섞어 벽을 만든다.

1

2

3

4

1/2/3/4

1984년 8월 16일, 아티틀란Atitlan 호수로 향하는 길에 지나갔던 살카하Salcaja라는 작은 마을에서 우리는 거의 모든 집들을 뒤덮고 있는 터키옥색에 놀라지 않을 수 없었다. 명백하게 드러난 '색채 지리학'을 또 다시 목격했던 것이다. 왜 그곳은 터키옥색이 그토록 지배적이었는지, 언젠가는 우리가 알게 될 날이 올까? 어찌 되었든 마야인들에게 청록은 다섯 가지 주요한 생명의 색 중 하나이자 풍요와 물을 상징하는 색이란 것을 기억해야 한다.

1

1
솔롤라에 있는 두 상점의 선명한 색 대비가 시장의 배경이 되고 있다. 여기에는 땅과 건물의 영구적인 색들과 이 나라 고유의 특수한 문화를 드러내는 민속 의상의 다양한 색들이 어우러져 있다.

2

2
원주민 여인들이 입는 상의인 '우이필'에는 기하학적인 무늬와 함께 양식화된 꽃과 새들이 정성스럽게 수놓아진다. 색과 패턴의 조합은 부족과 나이, 사회적 지위를 나타낸다. 여기 보이는 고풍스러운 우이필은 키체Quiché 지역에서 유래한 기하학적 디자인으로 수놓아져 있다.

그러나 어도비 벽돌집 또는 햇볕에 말린 벽돌에 페인트를 칠하기 전에 진흙을 바르는 방법이 새로이 시도되고 있다. 고지대의 도시와 마을은 굉장히 오래된 정착지로, 대부분 스페인 사람들이 도착하기 훨씬 전부터 마야인들이 살던 곳이다. 사람들은 아직도 마야의 전통과 토착 언어를 충실하게 지켜가고 있다. 길 양쪽으로 서 있는 낮은 집들은 어도비 벽돌이나 시멘트로 만든 단순한 평행육면체 형태이며 밝은 에메랄드 녹색, 파란색, 노란빛이 도는 황토색처럼 선명한 색으로 페인트칠되어 있다. 마야족의 마을과 촌락에서는 이웃에게 질투심을 불러일으키는 것과 라디노처럼 취급받기를 꺼려하던 주민들이 페인트를 극도로 자제하여 사용하곤 했다. 사실 혼혈이든 순수한 혈통의 토착 원주민이든, 모두가 스페인 사고방식을 따르기 위해 고유의 인디언 언어와 관습, 의상을 버렸고 이러한 모습들은 집을 칠하는 방법에서도 나타났다. 라디노들은 이웃에게 부를 과시하기 위해 보란 듯이 눈에 띄는 색으로 집 외벽을 칠했다.

이곳에서 색은 일종의 힘을 상징했고, 하류계층 사이에서는 힘을 과시하는 수단이 되어 있었다. 그러나 그들을 멸시하는 엘리트 계층의 사치스러운 집은 흰색으로 칠해졌다. 우리는 케살테낭고Quezaltenango 근처의 살카하 마을, 그리고 치치카스테낭고Chichicastenango로 가는 길에 들르게 된 세상에서 가장 아름다운 호수 아티틀란을 내려다보는 작은 마을 솔롤라에서 각각 색 샘플을 수집했다. 이곳에 장이 서는 날이면 인근에 사는 인디언들이 전통 의상을 입고 모여든다. 여자들은 꽃을 수놓은 붉은색 우이필, 남자들은 줄무늬 바지에 짧은 조끼를 걸친다. 선명한 색 무덤들로 가득한 묘지는 특히나 눈에 띄었는데, 산 사람들의 집에 쓰인 것과 같은 페인트로 칠한 것이 분명했다.

아티틀란 호숫가의 산 페드로San Pedro 화산 맞은편에 있는 작은 마을 산티아고 아티틀란 Santiago Atitlan에서는 여전히 전통 의상을 잘 지켜가고 있다. 여자들은 흰색과 짙은 남색 문양이 있는 빨간 스커트와 색색의 동물과 꽃이 수놓인 우이필을 입고 몇 미터나 되는 빨간 리본을 감아 만든 머리 장식을 하며, 남자들은 흰색과 보라색 줄무늬에 새 문양이 수놓인 바지를 입는다.

3

4

5

3/4/5
마야인들의 집 벽에서 자주 볼 수 있는 노란색이 그들에게 생명의 식물이자 성스러운 식물이며 마야라는 이름의 어원이기도 한 옥수수를 나타낸다는 것은 의심할 여지가 없다. 노랑은 또한 하늘의 정점에 있는 태양과 남쪽을 의미하는 색이기도 하다.

1

1/2/3

마야인들의 마을에서 묘지는, 전통적으로 주민들에게 풍부한 색을 활용하여 창조력을 발휘할 자유를 주었던 장소이다. 솔롤라의 묘지는 남쪽을 향해 있는데, 해가 뜨는 동쪽을 향하도록 무덤을 배치하던 전통을 거스른 것이다. 주로 사용된 색 중 하나는 청록으로, 이 색은 물과 한창 자라는 옥수수, 즉 풍요로움과 생명력을 상징한다. 사람들이 사는 주거지에서 볼 수 있는 색은 묘지에서도 역시 찾아볼 수 있는데, 비교하자면 무덤에 사용된 색들이 집에 칠해질 때보다 훨씬 더 사치스럽고 자유롭다.

3개의 활화산에 둘러싸여 있는 안티구아는 과테말라의 옛 수도로, 대홍수로 인해 산티아고 데 로스 카바예로스Santiago de los Caballeros가 파괴된 직후인 1543년에 건설되었다. 주요 지진대에 세워져 이미 여러 차례의 지진에 피해를 입었던 안티구아는 1773년, 또 한 차례의 지진으로 심각하게 파괴되었고, 사람들은 이곳을 버리고 현재의 수도 과테말라시티Guatemala City로 향했다. 부분적으로 복구된 안티구아는 두 세기 동안이나 스페인령 아메리카에서 가장 아름다운 도시로 손꼽혔는데, 지금도 당시의 모습을 엿볼 수 있다. 건축물은 낮고 두꺼운 석재 벽과 낮은 아치, 넓은 기둥으로 이루어졌는데, 이것은 지진의 위험에 대비하도록 변형된 결과이다. 만약 밝은 외벽과 건물 전체에 매력을 불어넣는 바로크 양식의 풍부한 장식 요소들이 아니었다면 꽤나 무거워 보였을 구조이다. 중앙 광장에서부터 직각으로 뻗어나가는 길가를 따라 분홍색 치장 벽토를 바른 집들이 늘어서 있고 부겐빌리아Bougainvilliea로 장식되어 있다. 이 환상적인 도시는 1979년 세계문화유산으로 등록되었다.

알토스Altos의 주도인 케살테낭고는 과테말라시티 다음으로 중요한 도시이다. 이곳에는 좁은 길들과 철창살로 보호된 창문이 달린 집들과 같은 식민지 시대의 유산이 보존되어 있다. 처음으로 스페인의 통치를 받았던 주변의 모든 지역이 식민지 시대의 옛 건물들을 간직하고 있는 것이다. 마지막으로 그곳에 마야인들의 성서 포폴 부가 발견된 장소 치치카스테낭고가 있다. 16세기에 성 도미니크회 수도사들에 의해 지어진 성 토마스 교회는 종교적인 동시에 이교적인 느낌을 준다. 농작물이나 공예품을 화려한 직물들로 장식된 가판대에 놓고 팔기 위해 인근 지역의 인디언들이 모이는 시장 한복판에 교회가 위치하고 있기 때문이다. 포장 도로들, 색색의 집들, 빨간 기와로 덮인 지붕이 있는 이곳은 작지만 굉장히 매력적인 마을이다.

2

3

직물 공예품은 말할 것도 없이 자연환경과 건축물에서도 강렬한 색채를 볼 수 있는 나라, 시골의 웅장한 아름다움과 야생의 요소들이 공존하며 대비를 이루는 나라, 인디언들의 고요한 침묵과 불의에 대한 열렬한 저항이 동시에 존재하는 나라, 과테말라는 사랑스럽고도 매혹적인 나라이다.

1

1

이 수채화는 고지대에서 볼 수 있는 과테말라의 전형적인 집들을 보여준다. 위쪽의 두 줄은 과테말라의 옛 수도 안티구아의 가옥 형태를 그린 것으로, 토대 부분의 색은 주로 건물 외벽에 사용된 색과 대비를 이루며 창문과 문 둘레의 목조 부분도 대비되는 색조로 칠해진다. 맨 아랫줄에 그려진 세 채의 집은 살카하의 경우처럼 파랑과 터키옥색이 지배적이다.

2/3/4/5/6/7

이 페이지는 과테말라의 작은 마을 두 군데에서 진행한 연구 결과를 한데 모은 것이다. 왼쪽은 키체 지방의 솔롤라이고 오른쪽은 케살테낭고 지방의 살카하이다. 2개의 색채범위를 비교해보면 확연한 차이점, 즉 솔롤라의 집들이 살카하에 비해 훨씬 다양하고 대비되는 색조들을 사용한다는 점은 물론, 대체로 파랑, 초록, 터키옥색을 기본적으로 사용한다는 유사점 역시 확인할 수 있다.

브라질 BRAZIL

살바도르 데 바이아 SALVADOR DE BAHIA

바이아Bahia주의 주도인 살바도르Salvador는 '모든 성인들의 만'이라는 뜻의 바이아 데 토도스 오스 산토스Bahia de Todos os Santos로 들어가는 입구에 위치한다.

1549년 포르투갈인들이 건설한 도시 살바도르는 수 세기 동안 브라질의 시민적, 종교적, 군사적 수도였다. 거대한 요새 같은 만의 중심부에 위치한 반도에 솟아오른 이곳은 그 특수한 지리적 이점 덕분에 방어가 쉬웠다. 그리고 도시 전체에 널린 검은 흙 마사페massape는 사탕수수와 담배를 기르기에 안성맞춤이어서, 1680년에 큰 위기가 닥치기 전까지 이 도시에 부를 가져다주었다. 어느 정도의 쇠퇴가 있었음에도 불구하고 이곳의 즐겁고 풍요로운 생활은 18세기 말까지 계속되었으며, 같은 시기 미나스제라이스Minas Gerais주의 도시들에 군림했던 분위기에 어떠한 타격도 받지 않았다.

현재 2백만 명이 넘는 이 도시의 인구는 대부분 흑인으로, 16~17세기에 식민지 건설을 위해 아프리카에서 데려온 노예들의 후손이다. 몇몇 구역들은 매우 빈곤한데, 선명한 색상이나 파스텔 톤의 집들에서 습기로 페인트가 벗겨져 곰팡이 핀 벽이 드러난 것을 볼 수 있다. 그러나 바이아의 강렬한 햇살 아래 펼쳐지는 갖가지 색과 음악, 주민들의 기쁨에 찬 삶의 방식은 이 거리에 늘 축제 같은 분위기를 더해준다. 바이아 사람들 상당수는 여전히 이 지방의 전통 의상을 입고 생활한다. '바이아나 나고Baiana-nago'는 선명한 색상의 꽃무늬 치마와 넓은 소매가 있는 비교적 짧은 블라우스로 치장하는 반면, '바이아나 무쿨마나Baiana-muçulmana'는 통이 넓고 긴 흰색 옷을 입는다.

1

1
펠로링요Pelourinho 광장은 살바도르 데 바이아 역사 지구의 중심에 있다. 세계문화유산에 등록되어 있는 이곳 건축물들의 복원과 유지보수에 관심이 쏠리고 있다. 높은 습도의 영향으로 훼손된 파스텔 톤의 건물 외벽은 바이아 예술문화유산협회 건축가들의 색채 계획에 따라 정기적으로 다시 칠해진다.

종교적이며 서민적인 축제들은 바이아 사람들의 삶에서 큰 중요성을 지니며, 그들의 신비주의적 신앙과 활기 넘치는 삶의 자양분이 된다. 가톨릭의 종교의식과 견줄 만한 칸돔블레candomble 축제는 지난 30년 간 비약적으로 발전하였다. 이 축제는 자연의 좋은 기운과 나쁜 기운을 신으로 형상화한 오리사스orixas에게 기원하는 기간으로, 이 신들은 오랫동안 가톨릭 성인들의 이미지 뒤에 숨어 있었다. 다양한 색들이 그들 각각을 특징짓는데 하양은 오살라Oxala, 초록은 오사시Oxassi, 노랑은 오숨Oxum, 빨강과 하양은 상고Xango, 하양과 밝은 파랑은 예멘자Yemanja를 나타낸다.

살바도르시는 가파른 언덕 위로 12km가 넘게 뻗어 있으며, 70m에 이르는 절벽이 높은 도시를 뜻하는 시다데 알타cidade alta와 낮은 도시를 뜻하는 시다데 바이샤cidade baixa를 나눈다. 식민시대 초기에 들쑥날쑥한 지형적 특성 덕분에 자연스럽게 인디언들의 공격을 막을 수

2

3

4

있던 높은 도시에는 총독, 주교, 예수회 수도사, 고위공직자 같은 권력자들이 자리 잡았다. 도시 계획의 모범이 되는 살바도르는 직선 도로들과 직사각형 광장들이 어우러져 매우 독특한 조화를 이룬다.

낮은 도시가 상업과 항구 교역의 근거지로 발전하는 동안, 높은 도시는 여전히 행정적, 종교적, 문화적 중심지로서의 역할을 유지하였다. 아름다운 바로크식 건물들이 늘어서 있는 옛 구역은 노예무역, 설탕과 담배 수출로 부를 누렸던 18세기의 상인들이 살던 곳이다.

바이아 역사 지구에는 셀 수 없을 정도로 많은 성당이 있다. 일설에 의하면 그 수가 1년 안에 들어 있는 일수만큼이나 된다고 하는데, 실제로는 150여개 정도가 있다. 예전에 예수회 학교의 교회였던 대성당은 아름다운 리오즈 석lioz으로 덮여 있는데, 포르투갈에서 수입한 이 재료는 우아한 비례를 지닌 매우 간결한 양식의 필라Pilar 교회 건축에도 사용되었다. 대부분의 교회들이 비교적 수수한 외관을 가진 반면 성 프란체스코 교회Ordem Terceira de São Francisco는 그렇지 않다. 이 교회를 화려하게 꾸며주는 알모파다almofada 기둥이나 부조로 장식된 천정, 전형적인 장식 패턴들은 카르모 예배당Ordem Terceira do Carmo의 파사드에서도 찾아볼 수 있다.

2/3/4
살바도르 대성당에서 두 걸음만 떼면, 이와 같이 보수된 옛 건물들이 서로 대비되는 강렬한 색들을 과시하듯 서 있다. 창문과 문 틀, 테두리 장식, 처마는 모두 흰색으로 통일되어 전체적으로 일관성 있는 건축 형식의 효과를 얻고 있다.
크루세이로 데 상 프란체스코Cruzeiro de Sao Francisco

1/2/3
새롭게 다시 칠해진 섬세한 색들에서, 페르남부쿠의 이 집들에 쏟은 주민들의 정성을 확인할 수 있다. 처마돌림띠 조각이 있는 건물들은 포르투갈의 전통 건축을 상기시킨다.

1

2

3

4

5

4/ 5
각각 1979년과 1988년에 찍은 두 사진은 파손된 채 방치되었던 집이 겪은 급격한 변화를 매우 잘 보여준다. 여러 색으로 겹겹이 칠해진 페인트 층을 볼 수 있을 것이다.

색채 면에서 볼 때, 흑인 노예들의 교회였던 노사 세뇨라 도 로사리오Nossa Senhora do Rosario dos Pretos의 푸른 교회는 복원된 옛 도시의 중심에 있는 펠로링요 광장에 위치하지 않았더라면 그것이 더 놀라웠을 것이다. 이 삼각형 모양의 광장은 1835년에 형벌이 폐지되기 전까지 노예들에게 공개적으로 형벌을 가하던 장소였다. 이곳은 바이아 예술문화유산협회의 감독 아래 전통에 근거하여 초록, 황갈색, 파랑, 분홍 등의 순수한 색들로 외벽을 칠한 27채의 집이 들어섬으로써 원래의 성격을 되찾게 되었다.

1979년에 우리가 첫 연구를 시행했던 펠로링요 인근 지역은 1940년대부터 국가역사문화유산으로 보호되고 있다. 1993년 이후로 많은 수의 집들이 밝거나 어두운 파랑, 노랑, 분홍, 초록, 황토색 등의 조화로운 파스텔 톤으로 다시 칠해지고 정성스럽게 복원되었다. 지붕을 덮은 둥근 형태의 기와들canal tile은 이미 풍부한 주조색의 범위에 따뜻한 갈색과 주황색을 더한다. 꽤 높은 집들에서는 건축 양식의 간결함과 일관성이 두드러진다. 드물게 보이는 문과 창문의 테두리는 장식 몰딩이나 부조들로 장식되어 있다.

1998년 2월, 두 번째 여행 기간에 우리는 이 지역의 중요한 변화를 확인할 수 있었는데, 바로 이곳이 인상적이고 활기찬 관광지가 된 것이었다. 다행히도 근처에 있는 몇몇 거리가 원래의 특성을 간직하고 있었다. 보조색과 강조색의 범위는 주조색의 범위보다 수수한데, 특히 몇 가지 색으로 제한된 옛 도시의 복원 구역에서 더욱 그러했다. 창문의 틀과 문 테두리 부분은 보통 흰색이고 가끔 베이지색이 사용되기도 하며, 건물 윤곽을 잡아주는 수평 띠와 가장자리 부분도 마찬가지이다. 창문들은 흰색이고 문들은 대체로 짙은 녹색이나 초록색이다.

복원 작업에 의해 이곳의 보조색과 강조색 범위가 몇 가지만으로 줄어든 것은 안타까운 일이다. 실제로 아직 보수되지 않은 근처의 건물들이 훨씬 더 넓고 다양한 색채범위를 보여준다. 이 건물들에는 파랑과 황갈색은 물론 회색과 흰색, 초록색의 문이 있으며, 이 색들은 도시 특유의 색채적 특성을 드러낸다.

6

7

6/7
북동지역의 두 마을, 카코에이라Cachoeira와 비토리아Vittoria에 일렬로 늘어선 집들은 선명하게 대비되는 화사한 색들을 통해 도시 공간에 리듬감을 만들어낸다. 바이아주에 속해 있는 카코에이라의 건물 외관에는 모두 다른 디자인과 색채가 사용되어 각자의 개성을 뽐내고 있다.

1

2

3

4

1/2/3/4
1998년에 찍은 네 장의 사진은 펠로링요와 그 외곽 지역에 사용된 색채의 서로 다른 양상을 보여주는데, 때로는 미묘한 차이를 보이는 색조들을 조심스럽게 사용하며 가끔은 풍부하고 짙은 색들을 대담하게 사용하기도 한다. 보조색과 강조색의 범위에 꾸준히 흰색이 사용되는 것은 주목할 만하다.

5

5
이 표들은 1979년 살바도르의 펠로링요 구역에서 진행한 연구를 요약한 것이다. 펠로링요와 인근 거리에서 기록한 36개의 색들을 종합하여 재구성한 이 표는, 그 당시 이미 파스텔 톤이 지배적으로 사용되고 있었다는 것을 역사적으로 증언한다.
테랭Jean-Jacques Terrin의 스케치

페르남부쿠 PERNAMBUCO
: 헤시피와 올린다 RECIFE AND OLINDA

1998년 2월 14일, 우리가 올린다Olinda에 도착했을 때 그곳에는 카니발 준비가 한창이었다. 밤새도록 음악과 웃음소리가 계속되었고, 축제의 순간에 동참하기 위해 모여든 사람들로 가득했다.

1

1
올린다의 기와 지붕들은 여기 보이는 것처럼 위에서 바라보는 것이 가능한데, 이 옛 식민도시가 대서양을 굽어보는 언덕 위에 자리 잡고 있기 때문이다. 유네스코UNESCO 세계문화유산으로 등록된 이 특별한 장소의 색채범위를 특징짓는 신선하고 강렬한 색조를 볼 수 있을 것이다.

올린다의 카니발은 공식적인 개막 전주에 벌어지는 무용 학교 학생들의 퍼레이드를 기점으로 시작하여 11일 동안 계속된다. 이 유명한 축제는 페르남부쿠는 물론 브라질 전 지역에 걸쳐 인기가 매우 높다. 남녀노소 할 것 없이, 그리고 인종과 빈부에 상관없이 한껏 차려입은 수천 명의 사람들이 옛 도시의 좁은 골목길을 누비고 다니면서 작은 색동 우산을 휘두르는 춤 '프레보frevo'를 열정적으로 춘다. 어떤 전자 악기도 사용되지 않고 흔히 볼 수 있는 삼바 행렬도 없는 이 전통 카니발은 굉장히 독특하고 매력적인 페르남부쿠주의 문화를 특징짓는다.

바이아주와 마찬가지로 페르남부쿠주 역시 프랑스의 3배나 되는 크기의 북동부지역Nordeste에 속하는데, 이곳은 브라질의 나머지 지역과는 역사와 지형, 문화, 심지어는 액센트까지 차이가 난다.

2

3

4

5

2/3/4
이 사진들은 각각 트라쿤햄Tracunhaém, 파우달로Paudalho, 비토리아 데 산토 안타오Vitoria de Santo Antao에서 찍은 것이다. 이렇게 줄줄이 늘어선 페르남부쿠식의 작은 집들은, 색을 통해 집에 강렬한 특성을 부여하고 싶어 하는 주민들의 마음을 확연하게 보여준다.

5
페르남부쿠의 칸다도Candado에 있는 작은 집들의 주인은 헤시피 항구의 색채 계획에서 영향을 받았는데, 거기에 자신만의 해석을 더해 개성 있는 집들을 만들어냈다.

1

2

3

4

1/2/3/4/5/6
페르남부쿠의 집들 모두가 그렇게 다양한 색을 보여주는 것은 아니다. 그러나 올린다와 그 주변의 작은 마을들에서는 다양한 종류와 대비를 지닌 강렬한 색들을 어디에서나 볼 수 있다.

1/5 파우달로
2 /3/4 올린다
6 알리앙사Aliança

5

6

7

페르남부쿠의 역사는 1537년에 포르투갈인들이 도착함과 동시에 올린다에 수도를 건설한 것으로 시작된다. 한 세기가 지난 후 네덜란드인들의 침공으로 이 주의 문화적, 경제적, 예술적 방향이 변화하게 되었는데 올린다를 희생시켜 헤시피를 확장시킨 것이다. 지역경제의 경우, 전통적으로 옛 열대우림 지역을 개간한 농장의 사탕수수 재배를 기본으로 해 왔다. 광활하고 건조한 대초원 '세르타오sertão'와 사탕수수 농장 사이에는 가축을 기르고 곡물을 경작하는 중간 구역이 조성되어 있다. 지역 자원으로는 인구 전체가 먹고 살기에는 충분치 않으므로, 사람들이 좀 더 풍요로운 남부지역으로 이주하는 경향이 있다. 여러 인종들이 뒤섞여 있는 페르남부쿠 주민들은 인디언과 포르투갈인, 네덜란드인, 심지어 프랑스인들까지 포함한 이 나라 역사의 산 증인이라 할 수 있다.

유네스코에 의해 인류자연문화유산으로 지정된 역사 깊은 도시 올린다는, 오늘날에는 사실상 헤시피 주위로 넓게 퍼진 도심의 외곽을 형성한다. 이 도시는 대서양 쪽으로 튀어나온 작은 언덕이라는 매우 독특한 장소에 위치하고 있다. 1535년 3월 12일에 최초의 포르투갈인 총독이 이곳의 아름다움에 감탄하며 "O linda posição para uma vila(도시를 세우기에 얼마나 훌륭한 장소인가!)"라고 외쳤는데, 여기에서 올린다라는 도시 이름이 유래되었다.

7
국기의 색과 상징 색: 아제베도José Wilso Azevedo는 월드컵을 기념하여, 원래 파란색이었던 집을 초록색과 노란색으로 다시 칠해 재단장하였다.

가축, 사탕수수, 목화, 브라질 목재의 수출 덕분에 올린다에 거주하는 귀족들의 생활수준은 꽤 높아지게 되었다. 그들은 호화롭고 세련되게 꾸며진 거대한 저택에 살았고 엄청난 양의 금으로 훌륭하게 장식된 개인 예배당에서 기도를 드렸다. 깊은 신앙심은 이 도시 사람들에게 활기를 불어넣었다. 예수회, 프란체스코회, 베네딕트회, 카르멜회 같은 여러 수도회들은 교육과 문화 사업에 활동적이었으며 교회와 수녀원, 수도원들이 급속도로 증가하였다. 올린다는 16세기부터 18세기까지 내내 상류층의 지적, 예술적 중심지였다. 거리에 늘어서 있는 식민시대 양식의 아름다운 대저택들, 조각상과 분수로 장식된 광장들, 그리고 열대지방 특유의 녹음에서 시대마다 다르게 형성된 역사의 흔적들을 찾을 수 있다. 역사와 함께 빛이 바래 약간은 우울한 분위기를 풍기는 이곳 특유의 매력은 산책하는 사람들의 마음을 사로잡는다.

1

1
헤시피 지역의 콘다도에 있는 이 집은, 건축가 없이 석공과 집 주인의 상상력만으로도 즉흥적으로 집이 만들어질 수 있다는 것을 보여준다. 문과 창문, 장식 문양들이 강렬한 초록색으로 강조되어 있다.

2

3

4

5

2/3/4/5

북동부지역의 서민 주거지에 대한 마리아니Anna Mariani의 책Facades: maisons populaires du Nordeste에서 언급되었듯이, 페르남부쿠의 집들은 때로는 박공벽의 형태와 장식 문양들을 통해 무한한 창조력을 드러내는데 어디에서 영감을 얻었는지는 여전히 불분명하다. 색조는 전체적으로 강렬하지만 수적으로는 제한되어 있다.

2 산토 아마로Santo Amaro
3/4/5 카코에이라

1

2

3

4

식민지 시대의 작은 도시들과 불과 몇 km 떨어진 곳에서 브라질의 대도시 중 하나인 헤시피를 만날 수 있다. 17세기에 설탕 생산자들이 정착하자 이곳은 경제적으로는 물론 정치적으로도 올린다를 앞서기 시작하였고 페르남부쿠의 주도로 거듭나게 되었다.

파도들이 부딪쳐 부서지는 산호초에서 이름을 딴 이 도시는 카피베리베Capiberibe 강과 베베리베Beberibe 강이 합류하는 지점에 위치하며, 그 위로는 여러 개의 섬과 반도들이 다리로 연결되어 있다. 원래는 거대한 늪지였으나 대부분 네덜란드인들에 의해 정비된 이곳은, 아직도 수해 피해 지역이며 바다는 최신식 빌딩들로 뒤덮인 해안선을 잠식해가고 있다.

지난 몇 년에 걸쳐 항구의 옛 구역에서 대규모 복구 사업이 진행되었다. 우리는 페르남부쿠에 머무는 동안 이 구역의 색채 계획을 맡은 건축가 바스콘셀로스Mônica Vasconcelos를 만났다. 이 프로젝트는 굉장히 흥미로운데도 불구하고 무관심 속에 방치되어 왔던 건축 문화유산에 대한 관심을 되돌리려는 목적하에 시청이 적극적으로 추진한 것이었다. 바스콘셀로스는 포르투갈 식민시대의 전통 건축이 세 가지 색으로 칠해지는 원리를 따르고 있다고 믿었는데, 첫 번째 색은 벽, 두 번째는 목조 부분, 세 번째는 처마와 다양한 건축 장식들에 사용되는 색이었다. 그녀는 이러한 색채 스펙트럼에 보다 약한 색조들을 더하였는데, 한 건물을 다른 건물과 구분되게 하는 세부적인 장식에 사용하기 위해서였다.

1993년에 시작된 헤시피 옛 항구 구역의 색채 계획은, 우리가 이미 고이아나Goiana의 작은 마을에서 확인했듯이 성공 여부에 관한 정도의 차이는 다소 있었지만, 인근의 마을과 도시들에 특별한 매력을 가져다주었다. 루아 마르차도Rua Marchado에 있는 노동자 계층의 집은 모두 강렬한 색으로 다시 칠해졌는데, 조경 건축가가 지시한 전체적인 색채 계획에 따라 한 집당 두 가지 색이 사용되었다. 복구된 색채의 효과를 보여주는 또 다른 좋은 예는 콘다도의 이스마엘 가야오Ismaël Gayaõ에 늘어선 작은 임대 가옥들을 뒤덮고 있는 선명한 색들이다. 색은 여기저기에 있는 소박한 집들에 소위 '매력적인 가치'를 부여한다.

1/2/3/4

옆 페이지에 있는 네 채의 집은 콘다도 구 지역의 전형적인 전통 가옥 형태를 보여 준다. 이 집들은 나뭇가지로 만든 골조에 젖은 흙을 붙여 만드는 '타이파 데 소파포 tapia de sopapo' 방법으로 지어졌다. 흙벽 위에 여러 겹으로 덧칠한 석회 페인트는 전체적인 파스텔 색조에 굉장히 특징적인 질감을 부여한다.

5

6

7

8

5/6/7

우리는 트라쿤햄에 들렀다가 우연히 파우달로의 색색가지 집들을 발견하게 되었다. 풍부한 색조와 독창적인 색 대비는 우리로 하여금 현장 분석을 하지 않을 수 없게 만들었다. 자주색 집의 주인인 다 실바 Creuza Gonçalvès Da Silva는 매년 크리스마스 전에, 그때마다 마음에 드는 색으로 집을 새로 칠한다고 알려주었다.

8

바이아주 산토아마로에 있는 이 작은 집은 북동부지역 주민들의 사랑을 받았던 독창적인 형식과 장식 문양을 떠올리게 한다.

1

시골에 있는 집들은 기본적으로 길 쪽으로 난 하나의 문과 하나의 창문uma casa e uma janela을 가지고 있다. 이 집들은 나무 거푸집에 진흙과 지푸라기, 자갈 등이 섞인 반죽을 채워 만드는 '타이파 데 피사다tapia de pisada' 방법이나, 젖은 흙을 둥글게 빚어서 나뭇가지를 엮어 만든 골조 위에 붙이는 '타이파 데 소파포tapia de sopapo' 방법으로 지은 다음 흙으로 벽을 덮는다. 지푸라기를 이은 지붕과 요리나 빨래를 하는 마당으로 연결되는 한 칸의 공간이 기본적인 주거 형태이다. 주기적으로 다시 칠하는 석회 페인트는 각진 부분들을 둥글게 만들고, 벽에서 부드러운 빛이 나는 것처럼 보이게 한다.

비용을 들여 좀 더 정교하고 견고하게 지은 건물들을 보면, 벽은 속이 빈 벽돌이나 콘크리트로 되어 있고 지붕은 기계로 찍은 기와들로 덮여 있으며 생활공간과 침실로 구분되어 있다. 우아한 철제 난간으로 장식된 베란다는 집 정면을 따라 이어진다. 난간은 사회적 지위의 상징이 되었으며 상류층 사회를 동경하는 서민 계층에서 그 수요가 점점 늘어나고 있다.

2

이곳에서는 색이 활발하게 활동한다. 전통적인 마을의 옛 집들에서는 석회의 흰색이 섞여 파스텔 톤을 띠는 파랑, 노랑, 분홍, 초록을 볼 수 있고, 현대적인 집들에는 훨씬 선명하고 강렬하게 대비되는 색들이 칠해져 있다. 브라질 사람들은 색을 좋아하지만, 한편으로는 '좋지 않은 색 취향brega'을 가졌다고 여겨지는 것을 두려워하기도 한다. 이런 경우 전체적인 색의 조합과 배치에 주의를 기울여 신중한 조화를 기한다. 반면에 노동자 계층은 유쾌하게도 자신들의 취향과 기질에 맞는 강렬하고 대담한 색들을 선택한다. 그들은 매년 크리스마스가 다가오면 새로운 색으로 집을 칠한다. 집에 칠해지는 색은 상징적이라 할 수 있는데, 예를 들면 앞서 보았던 아제베도의 집은 월드컵을 자신만의 방식으로 기념하기 위해 국기의 색인 초록색으로 칠한 것이었다. 또 알리앙사에서 보았던 빨강과 초록이 강렬하게 대비되는 집들은 이 작은 마을의 입구임을 나타내는 것이었다.

페르남부쿠의 작은 집들이 지닌 매력은 외부에 칠해진 색채에서만 오는 것은 아니다. 굉장히 독창적이고 특이한 색채 외에도 각각의 집마다 차별화된 건축적 세부 역시 매력을 느끼게 하는 요소이다. 기하학적으로 잘린 수많은 형태와 장식적인 패턴들은 끊임없이 간결함을 고수하는 자유롭고 즉흥적인 발상과 어우러진다.

이곳의 민속 건축을 본 장 보드리야르Jean Baudrillard의 말에 공감할 수 있을 것이다. "북동부지역 사람들의 그래픽적인 표현력과 명쾌한 자율성, 그리고 궁핍과 빈곤이 교차하는 지점에서 태어난 순수한 대상…. 빈곤 자체를 드러내지 않고, 풍요로운 선과 겉모습으로 표현된 빈곤."*

1
이 수채화는 북동부지역의 일반적인 주거지에 사용된 색채범위의 몇 가지 예를 보여준다. 어떤 집들은 처마 때문에 포르투갈 식민시대의 건축을 상기시키며, 또 다른 집들은 독창적인 지붕 형태와 장식, 다채로운 색채범위를 뽐낸다.

2
1998년 2월 16일 파우달로에서 진행한 색채 분석은, 페르남부쿠에 속한 이 작은 마을 주민들이 선택한 색채의 강렬함과 다양성을 보여준다. 전체적으로 중요한 비율을 차지하는 어두운 색조에 주로 사용된 다홍색과 푸른빛을 띤 보라색, 바다색에서 이 지역 주민들의 개성 있는 선택을 엿볼 수 있다. 건축적으로 매우 소박한 이 집들은 종종 띠나 테두리 장식 같은 세부적인 요소들에 의해 두드러져 보이는데, 특히 채색된 장식 요소들은 각각의 집들에 특색을 부여하는 데 굉장히 중요한 역할을 한다.

* Anna Mariani, *Facades: maisons populaires du Nordeste*, Rio de Janeiro: Editora Nova Fronteira SA, 1988.

1

오우로프레토 OURO PRETO

사탕수수 다음으로 브라질에 부를 가져다준 것은 18세기 초에 발견한 금이었다. 이 시기 '일반적인 채광지역'이란 뜻의 '미나스제라이스Minas Gerais'라는 이름을 가진 산악지역 중심부에 '오우로프레토Ouro Preto', 즉 '검은 금'의 도시가 생겨났다. 1720년 빌라리카Vila Rica라는 이름으로 생겨났을 당시만 해도 이 도시는 짚을 섞은 벽돌이나 나무로 지은 집 몇 채만으로 이루어진 작은 마을이었지만, 1740년부터 석조 건축물들이 지어지기 시작했다.

오우로프레토를 비롯하여 미나스제라이스의 여러 도시들은 브라질의 다른 도시들과는 확연히 구분된다. 그 그림 같은 광경은 포르투갈의 몇몇 도시들이 풍기는 분위기를 떠올리게 한다.

2

3

1/2
가파른 산비탈 위에 건설된 미나스제라이스의 옛 수도 오우로프레토는 도시 전체가 박물관이다. 경사진 거리에는 18세기에 지어진 고풍스러운 저택들이 줄지어 서 있는데, 모두 흰색이나 파스텔 색조로 정성스럽게 보수되어 있다. 명확한 색조의 문과 창문들은 외벽의 밝은 색조와 선명하게 대비된다.

3
간단한 형태의 이 종합표는 1979년에 오우로프레토 중심의 거주지에서 분석한 지배적인 색채를 보여준다. 테라코타 지붕은 갈색과 황토색의 다양한 음영을 드러내고, 창틀은 보통 흰색으로 칠해져 있다. 외벽의 절제된 색채범위는 보조색과 강조색의 범위가 쓰인 요소들로 인하여 활기를 띤다.

오우로프레토 건축의 독창성과 동질성은 지리적 조건과 사회문화적 상황에서 기인한 것이었다. 경제구조는 금을 캐는 노예들에 의존하고 있었고, 척박한 자연환경과 불편한 교통 때문에 그 지역에서 쉽게 구할 수 있는 건축 재료를 사용할 수밖에 없었던 것이다.

기존의 지형 위에 세워진 북동부지역의 도시들과는 달리, 미나스제라이스의 도시들은 길의 폭과 집의 높이는 물론 다리와 분수 축조까지 포함하는 총괄적인 도시 계획하에 건설되었다.

가파른 산비탈 위에 세워진 오우로프레토의 경우에는 이러한 규정을 따르기에 몇 가지 문제가 있었다. 어떤 길들은 굉장히 가파른 반면, 경사가 얕고 완만한 길들도 있었다. 대부분의 길들은 '페 데 몰레크Pé de Moleque' 즉 '부랑자의 발'*이라 불리는 규암석 자갈로 덮여 있는데, 가끔은 편암이나 규암 사이에 커다란 포석띠가 놓여 있기도 한다.

중산층의 보금자리가 되어주는 집들은 완만한 경사를 이루는 지붕에 갈색에서 주황색까지 다양한 색조가 섞인 둥근 기와들로 덮여 있다.

대부분의 집들은 햇볕에 말린 흙벽돌인 어도비로 지어졌고, 벽에는 석회 도료가 칠해져 있다. 외벽에 주로 사용된 색은 흰색이지만, 황토색과 분홍색, 밝은 옥색과 옅은 회색처럼 엷은 파스텔 색조도 함께 나타난다. 석조 건축물은 매우 드물다.

식민시대 광산지역 주거지에서 가장 특징적인 가옥 유형은 1층이나 2층짜리 '소브라도스sobrados'라 할 수 있다. 석회나 산화물이 기본이 된 파스텔 계열의 색도 눈에 띄지만, 여전히 가장 지배적인 색은 흰색이다. 게다가 지난 세기 미나스제라이스뿐 아니라 페르남부쿠와 상파울로São Paulo의 여러 예들을 보면, 건물 외부에 석회를 사용하여 하얗게 칠하는 것이 브라질 전통이라 말할 수 있을 것이다. 그때 당시에는 조개껍데기와 돌, 타바팅가tabatinga라 불리는 흰색 흙으로 만든 도료를 사용해 외벽을 하얗게 칠했다.

4

4
미나스제라이스의 다른 도시들처럼 오우로프레토 역시 거리의 폭과 건물 높이 조정과 관련된 도시 계획의 대상이었다. 둥근 기와로 덮인 살짝 경사진 지붕들을 찍은 이 사진은 폭 넓은 범위의 적갈색과 다홍색을 보여준다.

* Yves Leloup, *Les villes du Minas Gerais*, Paris IV, 1969.

1

2

3

1/2/3
다양한 형태로 난 창문들은 항상 외벽과는 다른 색의 넓은 띠로 둘러져 있어, 건물의 리듬감을 강조해준다.

공공건물과 종교적인 건물들의 경우에는 제국의 재정적 지원을 얻은 광산지역 주민들에 의해 건축되었다. 금의 유출을 통제하고자 했던 포르투갈 왕은 수도회 설립을 금지하고 외부 세계와의 교류를 철저히 제한하였다. 이러한 상황은 문화적인 삶에 대한 욕구를 자극하여 강렬하고 특징적인 예술을 꽃피우게 하였다. 그러한 예로, 바로크 양식을 기본으로 한 오우로프레토의 건축물은 지역 예술가와 장인들에 의해 창조적으로 해석되어 지어진 독창적인 결과물이라 할 수 있다. 짜임새 있는 구조, 간소화된 장식, 그리고 건축적 세부에서 보이는 풍부한 세련미 등은 이 도시의 건축물에 우아한 매력을 부여하는 요소들이다.

1938년 이 도시 전체가 국가지정기념물로 선정되었고, 문화부는 손상된 건물들을 복원하는 데 상당한 노력을 기울였다. 가장 인상적인 교회 건물은 단연코 1810년에 완성된 아시시의 성 프란체스코 교회São Francisco de Assis일 것이다. 스테아타이트steatite로 된 입구 위쪽에 있는 원형 장식에는 그리스도의 성흔을 받는 성 프란체스코가 묘사되어 있다. 이 걸작은 '알레이하디뇨Aleijadinho', 즉 '작은 절름발이'라는 별명으로 불린 천재 조각가 안토니오 프란시스코 리스보아Antonio Francisco Lisboa의 것이다.

가옥의 보조색과 강조색 범위를 보면, 창틀이 시각적으로 중요한 역할을 하는데 네모난 형태의 내리닫이 창문을 뚜렷하게 강조해주기 때문이다. 때로는 옅은 황토색을 띠는 자연석의 상태 그대로 남겨져 흰 외벽과 강렬하게 대비되기도 하지만, 대부분은 연분홍색 배경에 어두운 분홍색이나 하늘색 배경에 짙은 파란색, 혹은 흰색 외벽에 그와 대비되는 파란색, 갈색, 회색, 초록색으로 칠해져 있다. 종종 층마다 다른 색으로 칠해진 창틀도 볼 수 있다.

4

수평과 수직의 색띠 역시 외벽의 전체적인 윤곽을 잡아주는데, 이 띠는 보통 창틀에 사용된 색과 같은 색으로 칠해진다.

문은 거의 대부분 띠와 창틀과 같은 색조이다. 이는 창문에도 마찬가지여서 하양이 아닐 경우에는 파랑이 가장 빈번하게 사용되고 그 다음이 초록이다. '소브라도스' 유형에서 창문은 정교한 철제 발코니로 꾸며져 있다.

고르지 않은 지형 때문에 특징적으로 생긴 건물 아래쪽의 토대 역시 색이 나타나는 중요한 부분인데, 주로 중간 톤의 회색이나 갈색으로 칠해져 있다.

자연환경과 바로크 양식의 곡선적인 외부 장식에 큰 영향을 받은 오우로프레토의 주거건축은, 세부 요소를 강조하는 풍부한 색조들로 인해 더욱 표현력 있는 특징을 띤다.

4
평평한 포장석이 깔려 있는 커다란 광장의 바닥 처리 방식은 도시 환경의 전체적 효과에서 이 요소가 지닌 중요성을 상기시킨다. 여기에서는 흰 외벽과 입구 주위의 어두운 색조가 강렬하게 대비되면서 오우로프레토의 건축 언어에 특색을 부여한다.

5
급경사로 인해 토대 부분이 눈에 띄는 이 길에서, 리듬감 있게 늘어선 건물 외벽과 서로 대비되는 색조들은 브라질 사람들이 색에 보이는 애정을 떠올리게 한다.

5

러시아 RUSSIA

수즈달 SUZDAL

모스크바 북동쪽에 위치한 수즈달은, 카멘카Kamenka 강 한편으로는 크렘린Kremlin 궁전과 예수탄생 대성당Cathedral of Nativity, 반대편에는 성 디미트리 대성당Saint Dimitri Cathedral 지역까지 12~13세기의 도시 윤곽을 현재까지 꾸준히 유지하고 있는 오래된 도시이다. 그 당시 수즈달과 블라디미르Vladimir의 영주들은 지방의 봉토를 통합하기 위해 노력하였으나, 몽골인들의 침입으로 수즈달리아의 경제적 성장은 멈추고 말았다.

1

1
블라디미르 북쪽에 위치한 수즈달은, 한때 블라디미르에 곡물을 제공했던 드넓은 농장지대 오폴리Opolie 위에 있는 작은 도시이다. 길을 따라 나란히 늘어선 몇 채 안 되는 집들은 이 지역의 색채를 특징적으로 보여준다. 전통적인 색채의 기본적인 범위를 구성하는 노란색과 파란색, 갈색과 초록색이 두드러진다.

2

그러나 14세기가 되자 수즈달의 영주들은 도시의 명성을 되찾으려 노력하였고, 대규모 건축 사업이 활발하게 진행되기 시작해 17세기 말에 이르면 정점에 달한다. 18세기에 지어진 수많은 교회들은 당시에 비약적으로 이루어진 문화적, 영적 발전 상황에 대해 알려준다.

1788년의 도시 재건설 계획을 통해 광장과 주요 도로가 체계적으로 배치되었는데, 이때 도시 중심부는 석조 건물을 세울 여유가 있는 주민들의 차지가 되어 가난한 사람들을 외곽 지역으로 밀어내는 결과를 초래하기도 하였다.

현재 70여 개의 역사적인 건축물들이 있는 수즈달은 각 시대의 건축과 예술 흔적이 남겨진 박물관 같은 도시이다. 그러나 무엇보다도 주목할 점은 오랜 세월 동안, 선조들이 물려준 유산들을 정성껏 지켜 온 사람들의 의지 덕분에 이루어진 도시 전체의 조화로움일 것이다.

2
성모중재Intercession of the virgin 수도원 전체를 담은 이 광경은 주로 16~18세기 사이에 수즈달에 지어졌던 수많은 종교 건축물들의 거대한 규모와 멋스러움을 보여준다.

대부분 벽돌을 쌓은 다음 석회를 발라 덮는 방식으로 지어진 건물들은, 겨울 내내 눈이 내리는 이곳의 풍경과 멋지게 어우러진다. 앞쪽에는 카멘카 강이 잔잔하게 흘러간다.

1990년에 진행한 우리의 현장 연구는 '이즈바isbas'라고 불리는 나무로 지은 작은 농가들을 조사한 것이었다. 그 집들의 높은 건축적 수준과 풍부한 색채의 조화로움은 주목할 만했다.

목조 건축은 러시아 문화를 대표하는 상징물 중 하나이다. 러시아인들은 나무로 집을 지었을 뿐 아니라 교회와 대성당도 세웠다. 목조 건축은 석조 건축에 광범위하게 영향을 미쳤는데, 특히나 화재로 소실된 작은 목조 교회들이 점점 석조 건축물로 대체되었던 17~18세기에 그러했다. 20세기 초까지도 여전히 목조 건축이 큰 부분을 차지했으며, 시골뿐 아니라 도시의 목조 건축도 전통적인 이즈바와 똑같은 특징을 보였다.

이즈바는 항상 러시아 농부들의 지대한 관심을 받아 왔다. 그들은 이즈바를 짓는 동안 예술적 감각과 함께 모든 기술과 능력을 쏟았다. 러시아 문명이 최초로 발전하기 시작했던 숲속에서 탄생한 이즈바는 외부 형태에서 여러 가지 독특한 특징을 드러내는데, 1847년 학스타우젠Haxthausen 남작의 〈러시아의 대내적 상황, 인민의 생활과 농촌 제도에 관한 연구〉에 묘사되었던 모습에서 거의 변하지 않았다. 그 내용은 러시아 이즈바에 대해 쓴 커블레이B. Kerblay의 책에 다음과 같이 인용되어 있다. "유일하게 장식되어 있는 부분인 집 측면이 길가를 향해 나 있고 문은 없다…. 가장 중심적인 방에는 보통 3개의 창문을 통해 빛이 들어오며 이 공간이 길과 마주한 면 전체를 차지한다. 가끔 발코니로 난 창문이 달린 작은 침실도 있는데, 늘 어린 여자아이의 침실로 쓰이는 이 방은 '테레마terema', 말하자면 '신비롭고 시적인 장소'라는 이름으로 민요에 끊임없이 등장한다. 오직 부유한 농민들만이 집 외부를 칠할 수 있는데, 가장 선호하는 색으로는 벽에 쓰이는 빨강, 지붕에 쓰이는 초록을 들 수 있다."*

19세기 후반에 지은 이즈바가 남아 있는 경우도 있지만, 보통은 나무라는 재료의 특성 때문에 대략 50년을 채 넘기지 못한다.

1

1
가까이에서 찍은 문의 세부 사진은 전통적인 이즈바에 사용되었던 나무의 질감은 물론 보호용 도료의 특징적인 색 역시 또렷하게 보여준다.

* Basile H. Kerblay, *L'Isba d'hier et d'aujourd'hui*, Lausanne: L'Age d'Homme, 1973.

2

3

4

5

2/ 3/ 4/5

수즈달과 그 주변 지역에 있는 네 채의 이즈바는 이 지방 서민 건축의 주요한 특성을 잘 보여준다. 길가를 향해 있는 박공과 외벽에 달린 창문과 창틀, 그 주위를 두른 장식 띠는 실제 레이스 장식 같은 느낌을 준다.

1

1
수즈달과 자고르스크Zagorsk에서 수집한 나무, 벽돌, 도료, 페인트 등의 샘플들은 지역 건축에 쓰인 색과 재료 같은 다양한 요소들을 보여주는 가장 기본적이면서도 유용한 자료이다. 어떠한 재질이든간에 각각의 재료는 그 장소의 진정한 색채를 구성하는 요소라 할 수 있다.

2

3

2/ 3
1990년 5월 수즈달에서 완성한 2개의 종합표는 이 작은 도시의 전통 가옥에서 볼 수 있는 전반적인 색채를 뚜렷하게 표현하고 있다. 이 집들의 건축적인 측면과 색채 표현은 다양한 동시에 통일성을 보인다. 지붕의 금속판에 칠해진 다갈색이나 회색은 주조색의 범위에 지속적으로 나타난다. 흰색이나 대조적인 색조로 칠해진 창틀과 창문은 보조색과 강조색 범위의 필수 요소이다.

러시아인들은 침엽수, 오리나무, 자작나무, 사시나무, 떡갈나무 등의 목재로 집을 짓는데, 건물의 토대 부분만은 습기를 방지하기 위해 석재나 벽돌을 사용한다. 집짓기는 어렵지 않은 데다가 가족과 친척, 친구들과 함께 모여 즐거움을 나눌 기회이기도 하다. 통나무 골조는 그 모습 그대로 남겨둘 때도 있고 때로는 나무판자로 덮기도 한다. 하루 정도 걸려 '스루브srub' 라고 부르는 나무 골조를 완성하고 나면, 목수들이 나서 지붕, 문, 그리고 창틀을 얹는다.

오래전부터 2개의 경사면으로 이루어진 지붕에는 짚단이나 나무판자를 얹어 왔다. 이러한 유형의 가옥은 분해가 쉽다는 이점이 있으며, 러시아인들은 새로운 주거지로 옮겨갈 때 그들의 집과 함께 이사한다.

4

4
이 집은 1990년 5월 수즈달에서 몇 km 떨어진 키데크샤Kidekcha라는 마을에서 그린 것으로, 중앙 러시아에서 지어진 이즈바의 독특한 특징을 잘 보여준다. 색연필 드로잉은 건축물과 주변 환경의 색채범위를 구성하는 다양한 색조들을 표현할 수 있는 실용적이면서도 효과적인 방법이다.

1

오늘날에도 여전히 건축업자들은 옛날과 똑같은 재료와 기술을 사용해 집을 짓는다. 눈에 띄는 차이점은 지붕에 얹는 금속판이나 기와, 방수포 정도이다. 이렇게 옛 재료와 기술에 대한 신뢰는 러시아의 마을에 강한 시각적 통일성을 부여한다. 각각의 집을 서로 구별해주는 것은 조각하거나 그린 장식 요소들décor이다. 페인트는 외벽에서 중요한 역할을 하며 문과 창틀, 처마, 조각이 있는 나무 박공처럼 보조색과 강조색의 범위가 적용되는 요소들에도 개입하는데, 이 색들은 하양, 파랑, 빨강, 초록, 노랑 같은 원색들과 서로 대비를 이룬다. 모스크바 지역에 지어진 최근의 건축물들은 나무를 보호하는 황토색 페인트로 덮여 있다.

2

3

4

1/2/3/4
수즈달과 그 외곽 지역에 있는 네 채의 집은 녹색 안료chrome green를 선호하는 주민들의 취향을 반영하는 듯하다.

1

2

3

4

1/2/3/4/5
중앙 러시아의 이즈바에 사용된 보조색과 강조색 범위는 나무판자로 된 외벽에 칠해진 색들과 대조되어 돋보일 뿐 아니라, 각각의 집에 매우 개성적인 장식을 더해준다. 장인의 창의력과 상상력은 한껏 멋을 부린 나무 창틀과 박공의 세부적인 장식을 통해 뚜렷이 나타난다.

5

수즈달에서 볼 수 있는 이즈바는 일정한 건축적 특성을 드러내는데, 이 지역에서 감자를 보관하기 위해 만들어진 지하 저장고 '포드클렛 podklet'을 그 예로 들 수 있다. 함석판을 얹은 지붕은 적갈색이나 초록색, 황토색으로 칠해진다. 조각 장식은 블라디미르-수즈달Vladimiro-Suzdalian 지역의 종교 건축에서 중요하게 다루어지는 동물과 식물 모티프로 풍부하게 꾸며져 있다. 이는 분명 증기선이 출현한 이후 볼가 Volga 강에서 배를 만들던 옛 선박 건조공들의 재능 덕분이다. 나무를 조각해 만든 창틀은 매우 정교하며, 두드러지게 나타나는 흰색에 그와 대조되는 파란색이 더해져 마치 섬세하게 짜인 레이스처럼 보인다.

1

1
통나무로 이루어진 이즈바의 구조는 이 사진의 경우처럼 밖으로 그대로 드러나게 두기도 한다. 이러한 통나무 구조는 스칸디나비아와 캐나다의 전통 가옥은 물론 알프스의 산장chalet도 연상시킨다. 푸른색과 갈색으로 칠해진 주조색의 범위는 하양 테두리가 더해진 암청색 창문틀을 통해 더욱 돋보인다.

2

파랑은 수즈달 주민에게 특히 사랑받는 색상이다. 친절하게도 우리의 현장 연구에 참여해 주었던 모스크바 건축아카데미 회원 안드레이 에피모프Andrei Efimov는 이렇게 언급하였다. "오늘날에는 코발트에서 군청까지 다양한 종류의 푸른색으로 집의 외벽과 세부 장식을 칠하는 것을 통해, 좀 더 복합적인 색채 환경에 대한 욕구가 부분적으로 만족되고 있어요. 이러한 색 혁신의 이유는 수즈달의 상점에 파란색 페인트가 등장한 덕분이었죠. 내가 들었던 일화 하나를 소개하자면, 모스크바 외곽의 마을 주민이 모스크바로 장을 보러 가는 길에 이웃에게 사다줄 것이 없냐고 물어보자 이렇게 대답했대요. '집에 칠할 페인트 한 통 부탁해. 무슨 색으로? 푸른색, 푸른색이 얼마나 아름다운지 알면서 뭘 묻고 그래.'"

2/3
여기에도 역시 푸른색이 지배적이다. 파란색 페인트가 이 도시의 상점에 들어온 후로, 주민들은 이 색에 완전히 빠져 있다. 이와 대비되는 하양과 갈색은 보조색과 강조색의 범위가 사용된 세부들을 강조해준다.

3

1

2

3

4

5

1
통나무로 만들어졌건 나무판자로 만들어졌건, 수즈달의 이즈바는 모두 한 층에 나무 조각으로 장식된 창문이 3개 달린 똑같은 건축 양식을 기본으로 하고 있다. 나무를 보호하기 위해 바른 단색의 페인트는 보조색과 강조색 범위에 해당하는 요소들과 대비를 이룬다.

2/3/4/5
지붕에는 주로 회색과 녹색, 산화된 붉은 빛이 칠해진 함석판들이 덮여 있다. 정성스레 페인트를 칠한 정원의 나무 울타리는 다채로운 만큼이나 낭만적이어서 집의 전체적인 인상을 매력적이면서도 고상하게 만들어준다.

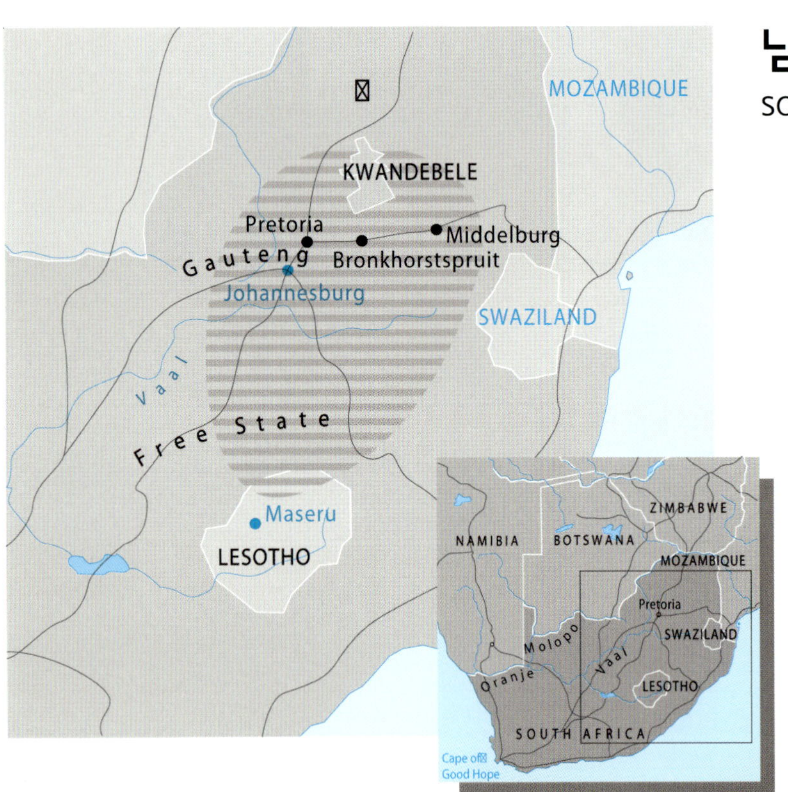

남아프리카공화국

SOUTH AFRICA

남회귀선의 남쪽에 위치한 남아프리카공화국은 대부분이 대지의 척박함으로 인해 사람이 거의 살지 않는 광활한 영토로 이루어져 있다. 이 지역에 제일 먼저 거주했던 사람들은 수렵 공동체인 부시먼족Bushmen이었고, 그 다음은 유목민족인 호텐토트족Hottentot이었다. 17세기 중반 희망봉the Cape에 도착한 네덜란드인들이 식량 공급을 위해 동인도 회사 지부를 설치하면서 식민지 건설이 시작되었다. 식민지 개척자들이 북쪽 지역으로 진출했을 때, 그들은 중앙아프리카에서 남쪽을 향해 이동 중이던 반투족Bantu과 만나게 되었다.

1

2

1/2
하우텡Gauteng(예전의 트란스발주Transvaal)과 프리스테이트Free State를 지나 레소토Lesotho 지역으로 향하다 보면, 여기저기에서 여전히 외관 디자인이 소박하며 대개 목초지와 농장 사이에 잘 숨어 있는 부락들과 마주치게 된다. 그중에서도 소토족Sotho과 은데벨레족Ndebele은 기하학적이며 상징적인 패턴들로 이루어진 생기 넘치는 전통으로 차별화되는데, 여기에서 색이 굉장히 중요한 역할을 한다.

1 프리스테이트주의 클라렌스Clarens
2 하우텡주의 웰테브레드Weltevrede에 위치한 은데벨레족 왕의 주거지

1

소토족 THE SOTHO

은데벨레족의 조상격인 소토족Sotho과 응구니족Nguni은 남부 반투 집단에 속한다. 그들은 1662년 네덜란드 개척자들이 처음으로 희망봉에 도착하기 최소 2백 년 전쯤에 아프리카에 정착했다.

응구니족이 한쪽으로는 스와지족Swazi, 줄루족Zulu, 은데벨레족, 다른 한쪽으로는 코사족Xhosa, 템부족Thembu, 음폰도족Mpondo으로 여러 나라에 쪼개져 있는 것처럼, 소토족도 역시 츠와나족Tswana, 페디족Pedi, 벤다족Venda, 소토족으로 나누어져 있다.

농사를 짓는 데 최적의 땅을 찾아나섰던 네덜란드 이주민들과 마주치게 되자, 목축과 농사를 하던 부족인 반투족은 족장의 지휘 아래 조직화되기 시작했다. 이것이 바로 줄루족, 마타벨레족Matabele, 스와지족, 그리고 소토족에서 군정 체제가 형성된 이유이다. 이중 마지막 집단은 1867년 패배하기 전까지 보어인Boer: 네덜란드계 남아프리카 이주민의 침략에 맞서 싸웠다. 만약 영국인이 소토족의 영토였던 바수톨란드Basutoland를 영국 식민지로 선언하지 않았다면 그들은 그대로 사라져버렸을 것이다. 바수톨란드는 지금의 레소토왕국으로, 남아프리카공화국 내에 부족 국가를 형성하고 있다. 남부 소토족이 살고 있는 이곳과 인근 지역이 바로 우리가 연구한 주거지이다.

레소토는 대략 벨기에 정도 크기의 작고 산이 많은 영토이다. 주로 농사와 목축에 전념하고 있는 이 나라는 최근에 심각한 자원 부족을 겪고 있으며, 주요 자원은 남아프리카공화국의 광산에서 일하는 사람들의 노동력이다. 이것이 바로 이 나라가 강력한 이웃나라에 계속해서 의존할 수밖에 없는 이유이다. 몇 년 전부터 레소토의 값싼 노동력을 찾는 수많은 기업들이 남아프리카공화국에 설립된 덕분에 결정적인 전환기가 찾아왔다. 더불어 높이 3000m에 이르는 말로티Maloti 산맥이 최근 레소토 하일랜즈 워터 프로젝트Lesotho Highlands Water Project 같은 대규모 사업 현장의 무대가 되고 있다. 오렌지Orange 강에 건설된 거대한 저수지에 모인 물은 아쉬Ash 강으로 흘러들고 요하네스버그Johannesburg 지역의 메마른 고원에서 다시 합쳐진다. 이 산맥 때문에 레소토는 광대한 남아프리카공화국의 '배수탑Water tower'이라 불린다.

2

4

3

5

1/2/3/4/5
소토족은 레소토에 살건 프리스테이트에 살건, 놀라울 정도로 비슷하다. 그들의 집은 조상들의 전통과 밀착되어 있다는 것을 증명한다. 흙으로 만들고 지푸라기로 지붕을 덮은 작은 집들은 비슷한 비례와 크기를 가지고 있다. 때로는 흙의 자연스런 색을 남겨두기도 하고 때로는 그 위에 색깔이 있는 흙을 바르기도 하며, 집 외관은 다양한 종류의 개성 있는 장식들을 보여준다. 여기에서 보듯이 벽의 장식 패턴을 따라 하얀 선이 그려지고, 마치 자수를 놓듯이 흙으로 건물 외벽을 섬세하게 두르기도 한다. 또 어떤 곳에서는 건물 토대를 빗물로부터 보호하기 위해 벽을 돌멩이로 덮는다.
프리스테이트주 레소토의 부타부스 Butha-Buthe와 그 외곽 지역

1
1997년 봄에 제작한 이 자료는 레소토 북동쪽의 부타부스 지역에 있는 포카니 Pokani 마을에 관한 것이다. 대부분의 건물에 물결처럼 주름진 얇은 금속판이 덮여 있다. 이런 경우에는 외벽의 색이 주조색의 범위를 구성하는데, 크게 천연 안료로 만들어진 엷은 회색 계열과 유기 안료로 만들어진 빨간색 또는 주황색 계열의 두 가지 색채군으로 나뉜다. 문에 사용된 보조색과 강조색의 범위는 주로 안정적인 파란색과 초록색으로 나뉜다.

1

2

3

4

5

2/3/4/5
초가지붕이 낡으면 주름진 금속판으로 교체된다. 극도로 수수한 외벽에 아무런 장식을 하지 않을 때는, 벽을 덮은 포장도료의 매끄러운 질감이나 붓질 자국, 또는 긁힌 자국의 질감이 온전하게 촉각적인 멋을 드러낸다. 태양빛이 몹시 뜨겁게 내려 쬐면 흙 밑에 건물 뼈대를 형성하고 있는 나뭇가지들이 서로 얽혀 있는 흔적을 찾아볼 수 있다.
레소토의 클라렌스와 베들레헴 사이에 위치한 프리스테이트주

1
클라렌스와 베들레헴 사이의 스테파니움 Stephanium 농장에 있는 흘로웨인Celine Hlowane의 집은 바소토족의 전통 가옥을 보여주는 완벽한 예이다. 부조 느낌의 장식 패턴과 둥근 모서리에서 장인의 정성과 창조력이 드러난다.

1

소토족 사람들은 조상이 같고 그 조상들의 언어와 문화에 밀착되어 있을 뿐 아니라 상대적으로 고립되어 살아가기 때문에 대부분 동질성을 가진다. 그들은 자신들의 문화와 인간적인 가치 체계, 이야기 전통을 자랑스럽게 여긴다. 그리고 모두가 기독교라는 똑같은 종교를 공유하는데, 이것이 그들을 하나로 이어주는 부가적인 힘으로 작용한다.

남부 소토족의 집은 대체로 촌락이나 마을에 모여 있으며, 불안정하던 시기에는 주변 지역을 감시하기 위해 되도록 높은 곳에 지어지곤 했다. 촌장의 집이 가장 높은 곳을 차지했고 공동체에서 가장 중요한 구성원들의 집이 여기저기에 세워졌으며 중앙의 공간은 가축을 위해 남겨졌다.

소토족의 전통 가옥은 원뿔 모양의 초가지붕이 덮인 둥근 형태의 흙집이다. 레소토에서는 이러한 유형의 가옥이 큰 인기를 누리는 반면, 프리스테이트주에서는 직사각형 형태의 흙집도 흔하게 볼 수 있다. 산악 지역에서는 돌이 집의 토대는 물론 벽을 세우는 데도 사용된다. 바닥에는 소똥과 점토를 섞어 바르고 표면이 매끄럽고 단단해질 때까지 발로 밟아 다진 다음 여자들이 장식을 시작한다.

소토족 여자들은 집을 짓는 데 있어서 중요한 역할을 한다. 남자들이 나무를 베고 집의 뼈대를 세우는 동안 여자들은 풀과 갈대를 자르고 바닥을 다지며 벽을 칠한다. 필요에 따라 마당을 둘러싼 담을 쌓고 꾸미는 것도 여자들의 일이다. 남자와 여자 모두가 집을 짓는 데 사용되는 흙벽돌을 만들지만, 벽을 세우는 것은 남자들이다.

2

3

4

2/3/4
흙으로 낼 수 있는 모든 색이 띠 모양으로 나란히 놓여 있어 시골 마을의 수평적인 느낌을 더욱 강조해준다.

여자와 집 사이에는 강력한 상징적 연관성이 존재하는데, 소토족 사람들은 부인이 죽었을 때 그 남편의 집이 무너졌다고 말하곤 한다. 고고학적 조사에 따르면 수 세기 전으로 거슬러 올라가는 전통에 따라, 소토족 여자들은 여전히 마당을 둘러싼 여러 건물들의 벽에 그림을 그리며 은데벨레족도 이 전통을 받아들였다. 이러한 그림들, 혹은 찍고 새기는 것에 기초를 둔 디자인들은 인간과 신 사이의 중재자로 여겨지는 조상들에게 바치는 일종의 기도와 같은 것이다. 안마당의 신성한 공간에서 행하는 의식, 기도, 제사는 모두 조상을 불러들여 비와 풍작을 중재해달라고 부탁하기 위한 것이다. 시골 마을에 끝까지 남아 전통을 이어나가려 하는 소수의 여자들이 바로 이런 벽 그림을 그린다.

그림의 표현 형태는 그곳이 레소토인지, 아니면 프리스테이트인지에 따라 약간의 차이를 보인다. 레소토에는 작은 돌멩이들로 만든 단순한 모자이크 장식이 많은데, 그림 장식보다 훨씬 간결하고 엄격하며 주위를 둘러싼 산 풍경을 상징적으로 묘사하기도 한다. 기본적으로 흙벽에 돌을 박아 넣는 이러한 구성은 다소 한정적인 범위의 색채를 드러내지만, 시간대에 따라 달라지는 빛과 그림자의 효과를 통해 벽을 생기 넘치게 만든다. 흔히 볼 수 있는 디자인으로는 잎이 네 장 달린 꽃처럼 어디에나 쉽게 사용할 수 있는 전통적이고 상징적인 모티프가 주를 이룬다. 또 다른 유형의 장식은 습기가 있는 벽에 포크나 빗, 손가락을 사용해 새긴 평행선들이다. 이러한 방법으로 여자들은 벽에 진풍경을 연출하는데, 각각의 시간대에 따라 두드러지는 부분이 변화한다. 소토족의 장식 바탕은 벽에 사용된 흙의 본래 특성에 따라 갈색, 황토색, 검은색, 회색으로 그 색조가 달라진다.

프리스테이트에서 벽 장식이 항상 조각 기법이나 돌 모자이크, 소조를 떠올리게 한다면, 페인트로 칠한 디자인의 색조는 조각적인 효과에 색을 종속시킴으로써 둥근 형태의 전통 가옥이나 직사각형 가옥의 외벽에 부조의 느낌을 강조해준다. 이 지역에 거주하는 소토족은 부분적으로 은데벨레족의 영향 아래 있다. 이들은 현재 흙을 기본으로 하는 천연 안료뿐만 아니라 인공 색소와 기하학적인 디자인도 선택적으로 사용하고 있다.

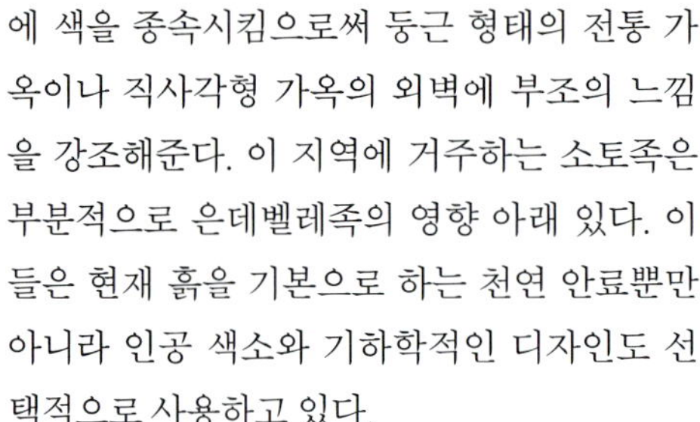

전통적인 모티프와 더불어 삼각형도 여기저기에서 찾아볼 수 있는 형태이다. 삼각형은 여자와 신, 땅과 하늘을 상징적으로 결합시킨다. 이런 해석은 상징적인 색채들의 사용을 통해 더욱 강화되는데, 예를 들면 조상이나 비구름과 관련되는 검은색과 흙에서 얻는 밝은 황토색은 둘 다 여자들의 입문식에 사용된다.

1

2

3

4

5

6

7

8

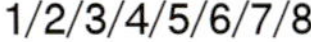

1/2/3/4/5/6/7/8
소토족과 은데벨레족의 일반적인 집에 사용되는 색채적 특성은 단순히 형태와 색, 장식에만 한정되어 있는 것이 아니라, 재료와 표면 질감과 함께 놀라울 정도의 정교함과 정서 역시 고려한다. 표면을 정교하게 처리하는 데 사용되는 수공 기법도 굉장히 다양하다.
하우텡, 루푸트Loupoort, 레소토, 루프스프루이트Loopspruit, 프리스테이트, 클라렌스 지역

삼각형은 지그재그 모양으로 나란히 배열되며 주로 입구나 모서리처럼 어떤 공간에서 다른 공간으로 넘어가는 곳에 장식된다. 축제나 특별한 행사를 위해 빈번하게 집 외벽을 새롭게 꾸미는 대부분의 아프리카 부족들과 달리, 소토족은 집과 식물, 땅에 대한 여자들의 탁월성을 확인시켜주는 일종의 시각 언어인 집 디자인을 영구적으로 보존한다.

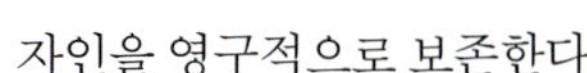

이러한 벽면예술의 가장 훌륭한 예들은 고속도로변에 있는 게 아니라 비포장도로나 가축들이 풀을 뜯는 들판이나 초원처럼 확 트인 공간에 있다.

흙벽을 풍요롭게 만드는 이런 예술은, 농장 주인들이 노동자들을 위해 콘크리트로 현대적인 집을 짓고 도시가 확장되어 시골 인구가 점차 감소해감에 따라 현재는 사라질 위기에 처해 있다.

1/2/3/4/5/6/7/8
표면이 아직 촉촉하게 젖어 있을 때, 손가락이나 포크를 사용해 아주 단순한 것부터 굉장히 복잡한 형태까지 양식화된 꽃이나 기하학적인 디자인들을 새겨 넣는다. 레소토에서는 벽에 돌멩이를 박아 넣어 흙 빛깔의 장식적인 모자이크를 만든다.

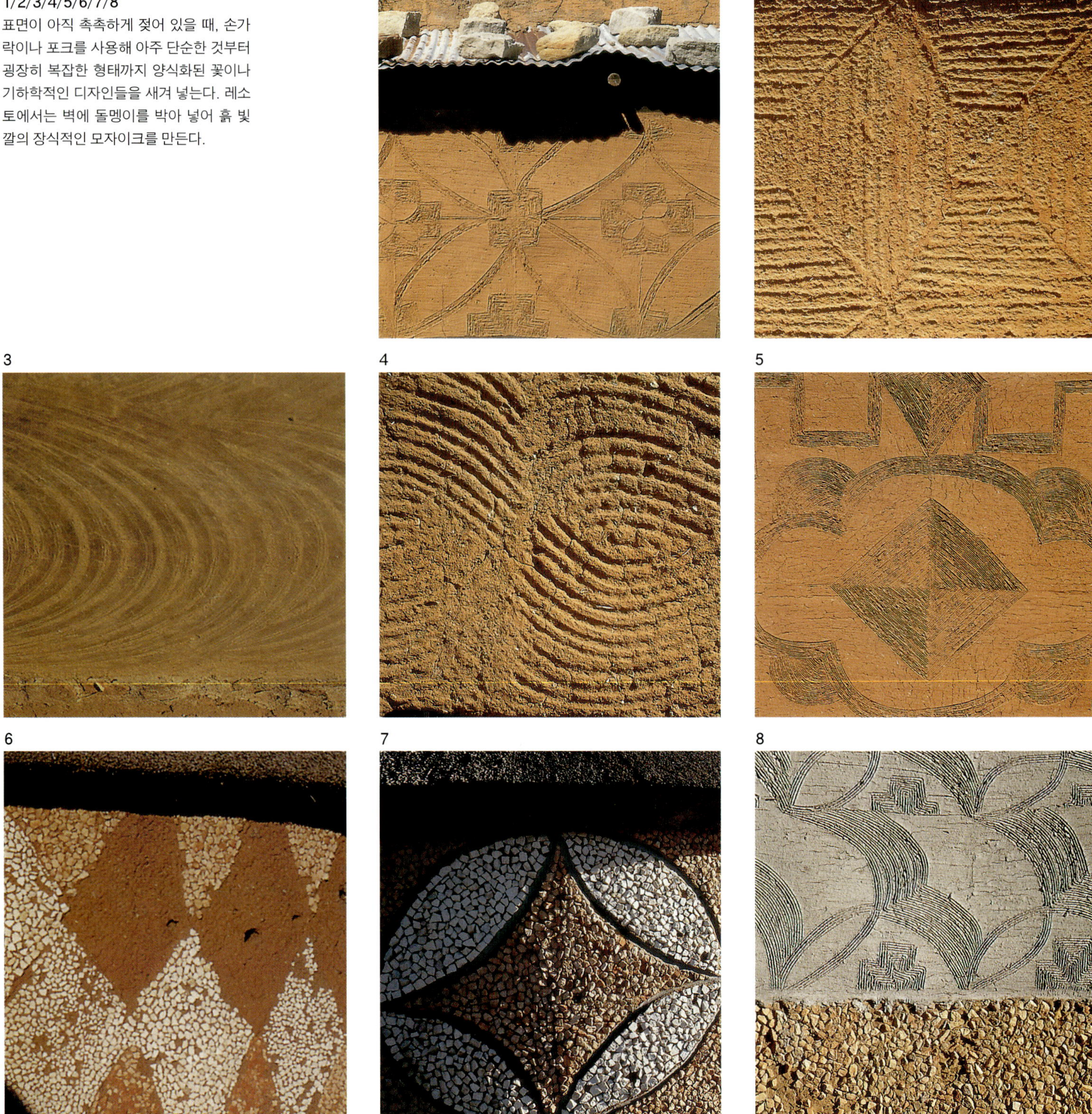

9
이 삽화는 소토족과 은데벨레족의 평범한 집들에 사용된 색에 대해 알려준다. 위에 있는 두 줄은 소토족에 초점을 맞춘 예로, 2개는 황토색과 갈색의 전통적인 패턴이 있는 흙집이고 나머지 2개는 최근에 콘크리트로 지어져 표면 질감과 디자인이 유기 염료의 강렬한 색채에 의존하고 있는 집들이다. 아래 두 줄의 예는 은데벨레족의 특징적인 가옥 형태로, 한편으로는 예전에 사용하던 광물 안료와 패턴으로 장식한 벽을 보여주며, 다른 한편으로는 산업용 페인트로 칠한 현대적인 디자인을 보여준다.

9

1

은데벨레족 THE NDEBELE

응구니족과 피가 섞인 조상을 가진 은데벨레족은 17세기에 남부 은데벨레족과 소토-츠와나족에 합병된 북부 은데벨레족, 이렇게 두 분파로 분리되었다. 남부 은데벨레족은 또 다시 두 그룹으로 세분화되는데, 그중 은준자족Nzundza은 변화의 물결에 맞서 고유의 언어와 관습을 고집스럽게 지켜가고 있다. 은준자족은 의심할 여지없이 생존을 위해 장렬히 싸워온 덕택에 스스로 인정할 만한 문화적 정체성을 지킬 수 있었다.

1882년 남아프리카공화국의 보어인들이 은데벨레족에게 무자비한 전쟁을 선포했을 당시, 마브호고Mabhogo 왕이 통치하던 은데벨레족은 북쪽 지방에서 가장 강력한 부족 중 하나였다. 하지만 보어인에게 패배한 은데벨레족은 사실상 노예로 전락하게 되었으며, 적어도 5년 동안은 식민지 농장에서의 노동을 강요당했다. 그 기간이 지나면 돈 한 푼 없이 곧바로 농장을 떠나야 했고 떠돌이 생활을 하면서 닥치는 대로 일을 했다. 규정된 시간이 지나도 주인이 풀어주지 않는 경우도 있었는데 이를 막을 아무런 법적 장치도 없었다. 좋은 대우를 받거나 어디로 가야 할지 모르는 사람들은 자진해서 농장에 남기도 했다. 마침내 1970년대 초에 정부는 프레토리아Pretoria 북동부의 쿠아은데벨레KwaNdebele 지역에 은데벨레족 자치구역을 세웠고, 이것으로 방랑과 노역의 세월은 끝이 났다.

이 힘겨운 시기 동안 감옥에 갇혀 있던 은데벨레족의 왕은 부족 사람들이 고유의 언어와 전통을 지키도록 격려하는 것을 결코 멈추지 않았다. 1968년 남아프리카공화국 정부는 공식적으로 마포흐David Mabusa Mapoch를 은데벨레족의 왕으로 인정했다. 그의 여동생 은디망데Francine Ndimande가 장식한 궁전은 쿠아은데벨레에 있다. 이 자치구역에는 아무런 지역 산업이 없기 때문에 생활이 열악하며, 도시에 일하러 가기 위해서는 하루에 2시간에서 8시간씩 버스를 타야 한다. 어떤 사람들은 농장에 남기를 원하고 또 다른 이들은 프레토리아 동부의 브롱코르스트프루이트Bronkhorstspruit 산업단지나 행정 수도의 북쪽 윌트Wildt, 또는 네보Nebo 지역에 거주한다.

1
최근에 클라렌스 교외에 지어진 콘크리트 건물 중에서 21살의 마코에나Anna Makoena가 칠한 이 집은 화려한 색채와 디자인으로 굉장히 눈에 띈다. 양식화된 꽃 패턴은 일종의 상징인 동시에 기호로 작용한다.

2
검정, 노랑, 하양, 갈색이 음푸티Julia Mputi의 집에 사용된 색채이다. 이 집의 절제된 구성과 강렬하게 표현된 패턴, 엄격하게 대조되는 색채는 감탄할 만하다. 창문 둘레에 있는 마름모꼴 윤곽은 소토족의 집에서 꽤 일반적인 것이다.

2

3
소토족에게 있어 벽 디자인은 여자들에 의해 대대로 전승되는 예술이다. 흙색 계열의 전통적인 패턴은 조상의 영혼에게 비와 풍작을 가져다달라고 비는 일종의 기도와 같은 것이다.
프리스테이트 인근의 클라렌스

3

만약 남부 은데벨레족이 하나의 국가로 살아남았다면 아마도 관습과 신앙을 충실히 지킨 덕분이었을 것이다. 특히 그들은 조상들이 자신들의 집터는 물론 전통을 지켜나가길 바란다고 믿었다. 이 두 가지 모두 소년들이 언덕 위에서 입문식을 거치는 동안, 그리고 어린 소녀들이 집에 있는 시간에 가르쳐졌다.

은데벨레족은 소토족의 집으로부터 많은 것들을 차용했다. 예를 들자면 흙과 소똥을 섞어 둥근 흙더미에 바르는 것이나, 직사각형 집 위에 초가지붕을 덮기보다는 주름진 얇은 금속판을 더 자주 사용하는 것 등이다. 지금까지도 여전히 둥근 형태의 전통 가옥을 도처에서 볼 수 있다. 은데벨레족의 주거지에서 가장 지배적인 것은 한 가족이 소유한 여러 채의 집들이 모여 있는 형태이다. 가장 가까운 이웃과도 꽤 멀리 떨어져 있는 이 집단 가옥에는 한 남자와 그의 부인 또는 부인들, 아들, 결혼하지 않은 딸이 산다. 이 집들은 윤곽이 뚜렷한 전통 디자인에 따라 만들어진다. 중앙에 있는 집에는 부인이 살고 모든 건물의 문은 가축이 있는 공간을 향해 있다.

소토족의 영향으로 은데벨레족 역시 습기가 남아 있는 흙벽에 손가락으로 패턴을 그리기 시작했지만, 이들은 기하학적인 선으로 이루어진 독창적인 스타일을 만들어냈다. 그들의 시각에서 볼 때 이러한 장식 행위는 조상들이 간절히 바라던 전통의 연속성을 다짐하는 신성한 가치를 지닌 것이었다. 사용되는 색들에는 땅에서 얻은 갈색, 황토색, 노란색, 회색뿐 아니라 부서진 바위에서 얻은 분홍색과 자주색, 석회에서 얻은 흰색, 그리고 숯에서 얻은 검은색도 있다. 또한 상징적인 색들도 있는데, 흙에서 얻은 붉은 황토색의 경우는 조상들의 영혼과 나누는 대화를 의미하며 문이나 창문에 두르는 흰색은 나쁜 기운과 악령을 막아준다. 가끔씩 여자들은 필요한 색의 흙을 찾기 위해 아주 먼 거리를 나서기도 한다. 이런 식으로 그들은 평생을 안료를 모으며 살아간다. 실제로 은데벨레족과 소토족에서는 가정에서 막강한 힘을 가진 여자들이 집 건축에 적극적으로 참여하고 집을 보존하며 장식하고 색을 칠한다. 그리고 은데벨레족의 경우에는 한 여인이 죽으면 그녀의 집은 그대로 버려져 다시 자연으로 돌아간다.

1

2

1/2
패럴Paul Farrel의 농장에 있는 노동자들의 주택 구역은 전통적인 광물 안료와 강렬하게 대비를 이루는 현대적인 유기 안료의 선명하고 폭발적인 색을 보여준다.
프리스테이트

3

4

5

6

3/4/5/6
패럴의 거대한 농장에는 수많은 노동자들이 흙으로 만든 전통 가옥이나 최근에 지은 콘크리트 집에 모여 살고 있어 진짜 마을이나 마찬가지이다. 그들은 페인트 몇 통을 얻어서 집 내부와 외부를 원하는 대로 칠한다. 그 결과는 몇몇 여행자의 오해와는 거리가 먼, 진짜 서민들의 벽면 예술이 어떤 것인지 명백하게 보여준다.

1

2

3

4

5

1/2/3/4/5
산업용 페인트는 색조와 대비 효과에 있어서 훨씬 범위가 넓고 자유로운 표현을 가능하게 해주었다. 이 새로운 표현 수단은 프리스테이트의 소토족 여인들이 만들어내는 디자인의 그래픽적,회화적 독창성으로 나타난다. 이러한 구성은 띠 장식, 창틀, 벽의 중앙 부분을 활용하면서 건물 전체로 확대된다.

프리스테이트

1

2

1/2/3

프레토리아 북쪽의 소샹구웨Soshanguwe 마을은 네 부족 사람들이 되는 대로, 그리고 일시적으로 집을 짓기 위해 모이는 일종의 무단 거주지이다. 이중에 소토족과 응구니족도 있는데 그 어느 쪽도 공권력으로부터 확실한 영토를 받지 못했다. 이 특이한 거주지를 방문하고 나서 우리는 모든 사람들이 사적인 공간에 쏟는 세심한 정성에 깊은 인상을 받았다. 그들은 자연 재료들을 가지고 단순하면서도 근사한 건축물들을 만드는데, 이는 남아프리카 사람들이 전통적으로 집에 부여해 온 중요성을 다시 한 번 떠올리게 한다. 그러나 이곳에서 그림 장식이나 디자인은 거의 찾아볼 수 없다. 대신 여러 재료들이 결합하면서 리듬과 재질, 구조, 색에 의해 결정되는 즉흥적이면서도 독창적인 외관이 만들어진다.

3

1

1/2/3
이 두 페이지는 미델뷔르흐Middelburg에서 약 40km 떨어진 곳에 위치한 스바니요니Sbanyoni 일가 소유의 집 몇 채를 보여준다. 인적이 드문 초원 한가운데 옹기종기 모여 있는 초가지붕을 얹은 흙집들은 그 희귀함은 물론 높은 수준에 있어서도, 유기 안료가 시장에 등장하기 전까지 대중적이었던 은데벨레족의 예술을 보여주는 유일한 증거이다. 벽은 가족장의 부인이 칠하는데, 그녀가 구입하는 것은 흰색뿐이고 다른 색들은 자연적인 염료에서 얻는다. 담벼락의 기하학적 패턴은 보다 현대적인 건물에도 여전히 널리 사용되고 있다.
루푸르트

흙색으로 이루어진 전통적인 디자인과 함께 은데벨레족의 전형적인 벽 장식으로 여겨지는 것에는 굉장히 다양한 색채를 사용한 기하학적 형태가 있다. 비교적 최근인 1940년대에 나타난 이러한 장식 방법은 다른 부족과 뚜렷하게 구분되고자 하는 열망 혹은 필요성에 따른 것이었다. 이것이 바로 우리가 '색채의 정체성 color identity'이라 부르는 것이다. 1945년부터 쓰이기 시작한 아크릴 페인트는 광물성 안료와 함께 사용되고 있다.

장식 패턴은 대개 각 집의 건축 양식에서 영감을 얻으며, 은데벨레족 여자들이 구슬을 엮어 만드는 수공예품에도 이러한 장식 패턴이 나타난다. 말란구Esther Mahlangu와 함께 가장 명성이 높은 예술가 중 하나인 은디망데Francine Ndimande에게 있어, 은데벨레족을 특징짓는다고 할 수 있는 벽화는 색 선택에 따라 디자인이 결정되는 구슬 엮기에서 비롯된 것이다. 그들이 사용하는 기법은 표현의 가능성을 수직선, 수평선, 대각선의 조합에 한정짓는 기하학과 추상화를 필요로 한다. 그러나 벽화는 구슬을 엮는 것보다 훨씬 더 자유로운 예술 형태이다. 그리고 전화나 전구 같이 은데벨레족이 가지고 있지 않던 현대적인 도시 생활의 요소들이 등장하기 시작했다.

어떤 연구자들은 여기에서 중요한 것은 상징적 전유의 형태라고 생각한다. 인류학자 반 윅Gary N. van Wyk에게 더욱 중요한 것은 그것이 저항의 형태라는 것이다. "소토족에게서 받아들인 은데벨레족의 벽화 전통은 문화적 정체성에 대한 자부심과 식민지화에 대한 저항심을 표현하기 위해 의식적으로 발전시킨 것이었다."* 어떤 경우든 간에, 이러한 표현 방식은 흙을 긁어내 만든 디자인과는 달리 무엇보다도 순수하게 장식적이다.

전통과 현대성 사이의 연계는 끊임없이 진화하고 있지만 불행하게도 예술은 멸종 위기에 처해 있다. 거기에는 다음과 같은 여러 가지 이유가 있다. 오늘날 수천 명의 은데벨레족이 쿠아은데벨레 외곽의 빈민촌에 사는데, 골이 패인 금속판으로 만든 판잣집에는 쉽게 장식을 할 수가 없다. 이보다 더한 것은 수많은 소년들이 고된 입문식을 피하기 위해 달아난다는 것이다. 이러한 의식은 의료계와 지식인들의 비난을 받아 왔다. 게다가 저항할 수 없는 도시의 매력에 이끌린 젊은이들은 자신의 뿌리를 잊고 전통을 버리고 떠난다.

2

3

* Gary N. van Wyk in *Courtyard*, Musée National des Arts d'Afrique et d'Océanie et d'Art Moderne de Villeneuve d'Ascq, 1996.

1

2

3

4

5

6

7

8

1/2/3/4/5/6/7/8
흙과 소똥을 섞어 만든 수수한 색의 건물 토대와 담벼락에 전통적인 이크구푸 ikghuphu 과정에 따라 새겨진 기하학적인 패턴을 찍은 세부 사진들이다. 그들은 평행하는 선으로 막 풀을 벤 들판을 재현하면서 여자와 집, 식물, 땅 사이에 존재하는 밀접한 상징적 연관성을 떠올린다.

1/2
이 마을 주민들은 기후 조건 때문에 흐릿해진 디자인들을 보수하는 데 필요한 페인트를 사기 위해 충분한 기금을 기다리고 있다.
윈터빌드Wintervield 인근

1

2

3

3
은데벨레족의 벽화 예술은 현재 아프리카 예술의 보배로 여겨지고 있다. 가족과 마을 생활을 나타내는 패턴들을 개발하고 외벽에 칠하는 장본인들은 바로 여자들이다.

웰테브레드Weltevrede에 있는 마리 은디망데Marie Ndimande의 집

1/2
은데벨레족 디자인의 독특한 특성은 검은 선으로 구획지은 기하학적 형태와 흰 배경 위에 사용한 선명하고 대조적인 색채들에서 비롯된다. 1940년대부터 시작된 이러한 장식 방법은 소토족의 예술과 은데벨레족의 예술을 뚜렷하게 구분해준다. 유기 안료와 아크릴 페인트는 사용되는 색채의 범위를 점차 넓혀주고 있다.

1 브롱코르스트푸르이트
2 웰테브레드

1

2

3

4

5

6

3/4/5/6

외벽만큼이나 많은 정성을 쏟은 담벼락과 대문은 전통적으로 신성한 공간이라 여겨졌던 마당의 중요성을 보여준다.

3 웰테브레드에 있는 프란신 은디망데Francine Ndimande의 집
4 루프스푸루이트
5 웰테브레드
6 웰테브레드에 있는 에스더 말란구Esther Mahlangu의 집

1

2

3

4

5

6

1/2/3/4/5/6
여자들이 칠하는 은데벨레족의 장식 패턴은 대체로 기하학적이며, 양식화된 상징들도 포함되어 있다. 주로 집과 자연의 요소들을 다루는 전통적인 상징들과 함께 비행기나 전구, 면도기 같은 서양의 현대 문물을 연상시키는 패턴들이 나타나기도 한다.

알제리 ALGERIA

가르다이아와 음자브 GHARDAIA AND M'ZAB

이바디트족Ibadites이 알제리 사하라 지역에 정착하게 된 역사는, 이슬람에서 가장 오래된 분파인 카리드지즘Kharidjism에서 파생된 작은 이슬람 종파의 종교적 선택과 밀접하게 연관되어 있다.

이맘 이븐 로스템imam Ibn Rostem이 알제리에 세웠던 타헤르트Tahert 왕국이 몰락하고 곧이어 사람들이 사하라의 세드라타Sedrata로 후퇴하여 한 세기 반이 지난 후인 10세기 초, 마침내 이바디트족은 자갈투성이의 음자브 사막에서 안전한 피난처를 찾았다. 그렇게 그들은 아랍어로 레이스나 그물을 뜻하는 세브카Chebka 지역의 심장부에 위치한 우에드 음자브Oued M'zab, 즉 음자브 강 근처에 정착했다. 그곳에는 석회암 고원지대 위로 강이 복잡하게 교차하면서 깊은 계곡을 형성하는데, 바로 여기에서 세브카라는 이름이 유래하였다.

회색과 검은색 암석들이 가로지르는 우에드는 1년에 한 번 있는 우기를 제외하고는 매우 건조하며 눈에 보이는 것은 모래층뿐이다. 모래층은 지하수가 있는 깊은 지층이 존재할 수 있게 하는데, 이바디트족은 농장의 관개수로나 생활용수로 필요한 지하수를 얻기 위해 오랜 시간 동안 많은 인력과 도르래나 멍에를 단 가축의 힘을 들였다. 1938년부터 부분적으로 지하수의 수압을 이용한 시추semi-artesian drilling 덕분에 자동화가 보급되기 시작했다. 야자나무 숲은 사하라 사막의 오아시스에서 발견되는 세 가지 유형의 식물을 제공한다. 다시 말해 야자나무 아래의 경작지에서 채소나 곡물, 과일나무와 같은 무성한 식물들이 자라나는 것이다. 그러나 이 식물들은 지역 소비량에도 충분치 못하다. 오직 유목민들만이 낙타와 양떼를 소유하고 있을 뿐 모자비트족Mozabites은 가축을 키우는 일이 거의 없다.

1

2

3

1/2/3
1984년 4월에 가르다이아에서 제작한 스케치들은 각 장소의 색채 분위기에 대한 주관적인 해석을 보여준다. 건물 외벽과 골조에서 수집한 견본들은 믿을 만한 객관적인 요소들을 제공한다. 사진은 전체적인 풍경을 보여주는 동시에 비례, 리듬, 재료, 색과 같은 도시 구획의 구성 요소를 드러낸다.

음자브의 인구는 주로 베르베르족Berber에 기원을 둔 이바디트족과 이바디즘Ibadism:이슬람교의 한 종파으로 개종한 외부인들로 이루어져 있다. 그러나 다른 민족에 속하는 말레키트족Malekites도 인구의 40% 정도를 차지하는데, 이들은 대부분 농업이나 건설 관련 직업에 종사한다. 모자비트족 사회는 세속적인 성격이나 종교적 성격을 띤 여러 단체들에 의해 지배된다. 세속 단체들 사이의 기본적인 행정 단위인 '분파fracton'는 공통된 조상을 섬기는 가족 단위로 다시 재편성된다. 의회에 의해 관리되는 각 분파는 세르귀 코프Chergui çoff와 게르비 코프Gherbi çoff 두 정당 중 하나를 선택해야 하며, 우세한 코프가 장로들의 모임인 '제마Djemaa'의 행정적인 역할에 참여한다. 알제리의 해방 이후 음자브의 도시들은 하나의 지방자치체commune로 재결성되었다.

종교 단체들은 계속해서 중요성을 지켜 왔다. 코란의 지식체계에 대해 수준 높은 교육을 받은 종교적 엘리트, 혹은 성직자를 뜻하는 톨바tolba와 그들의 대표자들이 이맘의 지도하에 지식, 도덕, 정의, 종교를 지배한다. 게다가 매우 보수적인 여성들의 집단이 전통과 도덕의 절대적인 가치를 조심스럽게 지켜가고 있다.

수 세기 동안 모자비트족의 사회를 지배했던 각기 다른 질서들은, 이바디트족 공동체가 깊은 애착을 가지고 존속시켜 왔던 조상들의 가치를 지켜나갈 수 있게 해주었다. 그러나 지난 몇 년 간, 라디오와 텔레비전을 통해 보급된 현대 문명의 영향 아래 변화가 일어나려 하고 있다. 성직자들과 함께 전통의 수호자를 자처하던 여자들이 이제 자동차를 몰기 시작했고 남편을 따라 마을을 떠나기도 한다. 그럼에도 우리가 가르다이아에서 연구를 진행하던 1984년, 거리를 지나다니는 여자들은 항상 흰 양모로 만든 두꺼운 베일로 얼굴 전체를 덮어 한쪽 눈만 겨우 보일 뿐이었다.

1

1
여기 보이는 가르다이아의 전경은 모자비트족의 전통 가옥이 지닌 일관성을 보여주는데, 이는 지붕 테라스의 수평선이 만들어내는 리듬감 덕분이다. 이 마을은 첨탑이 있는 중앙의 모스크를 둘러싸고 동심원 형태로 길이 형성되어 있다. 주조색의 범위는 모래 빛깔을 띤 황토색이며 군데군데 하양, 파랑, 초록색이 눈에 띈다.

2/3/4
가르다이아의 수크souk, 즉 시장은 상점이 들어찬 아치형 건물들로 사방이 둘러싸인 광장이다. 일종의 패턴처럼 자리 잡은 이 넓은 공간은 꽤 빽빽한 도심에 숨쉴 수 있는 휴식 장소를 제공해준다. 과거에 석회로 하얗게 칠해져 있었던 이곳은 우리가 연구를 진행했던 1984년 직전에 모래 색조로 다시 칠해졌다.

4

수백 년 간 음자브의 가장 중요한 자원은 모자비트족의 일시적인 이주로 인해 생겨나는 것이었다. 이들은 주로 텔Tell에서 특산품을 거래하는 상업 활동을 통해 돈을 벌어들인다. 능숙한 솜씨와 박식함으로 소문난 사업가인 모자비트족은 벌어들인 돈을 모두 야자나무 숲이나 건물을 사는 데 투자한다. 석유의 발견과 사하라 지역의 산업화로 이 마을의 경제 활동이 다시 한 번 활기를 띠게 되었으며, 주민들의 생활 환경과 사고방식의 변화에 영향을 미치고 있다.

음자브 계곡은 아랍어로 '크수르ksour'라 불리는 5개의 요새 도시를 포함하고 있으며, 모두 알제리가 독립하기 전까지 자치권을 유지하고 있었다. 1011년에서 1347년 사이에 잇달아 세워진 그 도시들 중 가장 처음 생겨난 엘아테프El Atteuf는 굴곡이라는 뜻을 지니고 있는데, 우에드 지역의 굴곡부에 있는 언덕에 위치하기 때문이다. 이바디트족의 모든 도시들에서 그러하듯이 성벽이 제일 먼저 세워졌고 그 다음이 모스크, 집의 순서였다. 엘아테프는 음자브에서 유일하게 모스크가 2개 있는 도시로 아마도 있었을 내부 분쟁을 증언해준다. '크사르ksar'는 공동묘지, 그리고 죽은 이들이 소유했던 도자기 파편과 물건들이 흩어져 있는 넓은 부지로 완전히 둘러싸여 있어서 가족들이 죽은 이가 묻힌 장소를 쉽게 알아볼 수 있다. 가장 중요한 공동묘지에는 시디브라힘Sidi Brahim이라는 모스크가 있는데, 주요 순례지인 이곳은 르 코르뷔지에Le Corbusier의 롱샹Ronchamp 성당에 영감을 준 것으로 알려져 있다.

엘아테프의 성곽이 주민들로 가득 차게 되었을 무렵, 한 교주sheik가 이끄는 이바디트족 집단이 제2의 크사르를 건설하였다. 첫 번째 크사르로부터 독립된 이 크사르는 두 우에드가 모이는 지점의 암반 위에 세워졌고 부누라Bou Noura, 즉 빛나는 존재라는 뜻으로 불렸다. 이 작은 도시의 낮은 지대는 성벽처럼 둘러져 있는 가옥들에 의해 보호받으며 모스크 자체도 일종의 성벽 역할을 한다. 그 윗부분은 사실상 폐허나 마찬가지다. 동쪽 끝자락에 위치한 바자르의 경우, 나머지 '펜타폴리스pentapolis:5개의 도시'에 비해 상대적으로 가난한 이 도시 내에서만 지역적으로 활용된다.

1

1/2/3/4/5
모자비트족 도시의 거리들은 좁은 편이지만, 사하라 지역 특유의 강렬한 햇살 아래 놀랍도록 빛을 발한다. 수직으로 서 있는 벽과 땅바닥에서 반사된 빛이 공간으로 퍼져나가 조그마한 골목길의 색채에 독특한 느낌을 더해준다.

1/2/4/5 베니이스구엔Beni-Isguen
3 가르다이아

2

3

4

5

1

2

그 다음으로 베니이스구엔Beni-Isguen이 음자브 우에드의 오른쪽 강둑에 세워졌다. 이곳의 물은 은티사N'Tissa 우에드로 흘러 들어간다. '율법을 지키는 자의 아들'이라는 뜻을 지닌 베니이스구엔은 눈에 띄게 성스러운 도시로, 3개의 종교 유적지가 있다. 먼저 옛 도시의 오래된 이름을 딴 타필랄트Tafilalt 모스크, 건물 자체에 학교와 집회장이 딸려 있어 음자브에서 가장 중요한 역할을 하는 실질적인 모스크, 그리고 반으로 나뉘어 한쪽은 남자, 한쪽은 여자들이 기도하는 장소인 부지라Boudjira가 있다. 이 크사르는 높은 벽에 둘러싸여 있고 드나들 수 있는 입구는 해질 무렵이면 굳게 닫힌다. 바로 여기에서 충실하게 지켜져 온 전통적인 가치들의 상징을 발견할 수 있다. 삼각형 모양의 바자르는 매일매일 집을 비롯해 거의 모든 품목의 경매가 이루어지는 굉장히 활기 넘치는 장소이다. 또한 광장 근처의 돌 벤치에 앉아 기도 시간을 기다리는 남자들에게는 만남의 장소이기도 하다. 수공예품을 팔러 온 유목민들은 광장 한가운데를 채운다.

베니이스구엔에 이어 여왕을 뜻하는 멜리카Melika라는 이름의 도시가 음자브 강의 왼쪽 둑에 있는 바위산 꼭대기에 세워졌다. 음자브 강은 가르다이아와 베니이스구엔의 중간쯤에 위치해 있다. 이 도시는 외부인에 대한 관대함에 있어서 베니이스구엔과는 차별화되는데, 예를 들면 이슬람 교주인 시디아이사Sidi-Aïssa의 무덤이 전국적으로 이름 높은 순례 성지인 것에서도 확인해볼 수 있다. 첨탑들이 우뚝 솟아 있는 도시 중앙에 이바디트족의 모스크가 있고 그 바로 옆에 바자르가 있다. 이는 음자브에서는 매우 예외적인 경우라 할 수 있는데, 전통적으로 시장은 예배당과 멀리 떨어져 있기 때문이다.

가장 최근에 지어졌을 뿐 아니라 가장 중요한 도시인 가르다이아는 공동체 전체에 그 이름을 빌려준다. 펜타폴리스의 다른 도시들과 달리 가르다이아는 성벽 내에 굉장히 넓은 공간을 가지고 있는데, 그 시초부터 많은 수의 주민들을 수용하려는 의도가 있었음을 추측하게 한다. 이 크사르가 성직자들과 종교적 권위자들이 거주하는 모스크와 첨탑을 중심으로 하여 동심원 형태로 발전했다는 사실은 주목할 만하다. 바자르는 옛 도시들에 비해 상대적으로 외곽에 위치한 덕분에 이 골짜기 유역에 사는 모든 사람들은 물론 외지의 상인들도 자유롭게 오갈 수 있다. 작은 상점들이 빼곡한 아치형 건물이 늘어서 있는 직사각형 모양의 바자르는 도시에서 가장 활기찬 장소이며, 이곳에서는 지역 공예품부터 유럽에서 들여온 다양한 물건까지 거의 모든 종류의 상품을 찾아볼 수 있다. 또한 육류나 채소, 경매 상품과 같은 특정한 종류의 장이 열리는 무대가 되기도 한다. 시장 근처의 거리들에는 전통적인 직업에 종사하는 사람들이 구역별로 거주하는데, 예를 들면 수예가들의 거리, 재봉사들의 거리 등이 있다. 그러나 1984년 당시에 이미 파리의 바르베스가boulevard Barbès에서 건너온 파스텔 색조의 기성복들이 상점 진열창에 나타나기 시작했다.

1/2
가르다이아에서 몇 마일 떨어진 베니이스구엔은 음자브에서 두 번째로 생겨난 도시이다. 위에서 보면 이 주거지역의 주조색 범위를 구성하는 색들을 알 수 있는데, 모래빛 색조가 지배적인 가운데 하양, 파랑, 초록색 같은 밝은 색상이 군데군데 눈에 띈다.

3

3
엘아테프라는 작은 도시를 마치 성벽처럼 둘러싼 주거 건물 아래에는 공동묘지 내에 지어진 시디브라힘 모스크가 있다. 주요 순례지인 이 모스크의 건축적 특징은 롱샹 성당을 떠올리게 한다. 모래빛의 단조로운 배경 속에 세 채의 작은 건물들이 각자 고유의 색채를 드러내며 서 있다.

4
가르다이아의 시장에서 약간 벗어난 좁은 길들에는 엘카드라El Khadra 수크의 경우처럼 육류와 채소를 거래하는 좀 더 작은 시장이 있다. 파스텔 색조의 건물들은 재질과 질감을 강조하며 길게 드리워진 그림자를 통해 한층 강렬하게 다가온다.

4

1

1/2/3/4/5/6
좁고 구불구불한 동심원 형태의 거리들에서, 빛과 색채는 절제와 엄격함의 전형인 모자비트족 건축물의 독특한 세부 요소들을 강조해주며 배가된다.

2

3

4

5

6

1

2

3

4

1/2/3/4/5
음자브 도시의 골목길들을 거닐다보면 매력을 느끼게 된다. 극도로 절제된 건축적 특징에도 불구하고, 세부요소 하나하나의 색과 재료 구성이 강렬한 햇살 아래 저마다 독특한 특징을 드러내는 모습을 관찰할 수 있을 것이다. 재료의 구성, 배치, 색은 굉장히 조형적이며 추상적인 특성을 지닌다.

5

엄격함, 일관성, 단순함, 효율성, 차단성, 표현의 결핍 등의 단어들이 음자브 도시들의 전통 건축과 이바디트족이 900년 간 지켜 온 관습을 특징짓는다. 라베로André Ravéreau는 음자브 건축에 대한 저서에서 다음과 같이 설명한다. "음자브의 놀라울 정도의 한결같음, 그리고 그 조화로움은 우연의 결과가 아니다. 사람들이 전문적인 기술을 얻기 위해 노력하던 시대에 이미 이성, 엄격함, 본질과 같은 것들은 선택의 문제가 되었고, 이바디트족은 이에 대해 완벽하게 인지하고 있었다. 그리하여 이상적인 엄격함 속에서 아름다움이 나타나며 그 모순은 너무나도 명백하다. 모자비트족의 엄격함은 외형이나 선에서 마구잡이로 드러나는 것이 아니다. 그것은 절실하게 필요한 상황에서 사용되며 크기, 공간, 세부 장식, 전체적인 컨셉에 대한 지적인 판단에 근거를 두고 있다."*

살펴보았듯이 사실 음자브의 도시들은 방어의 목적으로, 그리고 경작지를 침범하지 않기 위해 바위산 꼭대기에 세워졌다. 모스크와 성벽을 세우는 것이 도시를 건설하는 데 있어 첫 번째 단계이며, 그 다음으로 성벽 안에 빼곡하게 모인 집들을 짓는데 여기에는 반드시 따라야 할 몇 가지 원칙이 있다. 예를 들면 집은 남쪽을 향해야 하고 절대로 이웃집에 그림자를 드리워서는 안 되며 부를 과시하지 않아야 한다. 부분적으로만 포장이 된 좁고 구불거리는 골목길들은 짐을 나르는 노새 두 마리가 서로 지나쳐 갈 수 있을 만큼의 폭이다.

극도로 간결하다는 점에서 모두 비슷비슷해 보이는 집들은 자갈을 쌓아 비교적 두꺼운 벽을 세우고 셰브카 석고로 만든 모르타르인 팀센트timchent나 회반죽으로 단단히 고정시킨다. 창문은 행인들의 눈과 태양으로부터 보호하기 위해 아주 작게 뚫려 있다. 높고 넓은 입구에는 야자나무 판자를 연철 징으로 조립하여 만든 문을 단다.

이바디트족의 건축에 대한 로셰Manuelle Roche의 책 서문에 마메리Mouloud Mammeri는 다음과 같이 썼다. "타인, 형제, 신과 자신의 관계에 대해 정의를 내린 사람은 스스로에게서 위안을 찾으려 한다. 결국 외부의 소리나 도움, 관습으로부터 차단해주는 벽으로 막힌 집을 짓게 된다. 심지어 문 안쪽에조차 입구를 완전히 가려주는 최종적인 경계벽을 비치해둔다."**

옛날에는 재료의 원래 색을 그대로 남겨두거나 회반죽으로 하얗게 칠했던 집들이 요즈음에는 분홍색과 노란빛이 도는 황토색, 비교적 대담한 파란색, 또는 초록색이나 자주색으로 칠해져 밝은 색조들을 발산하고 있다.

* André Ravéreau, *Le M'zab: une leçon d'architecture*, Paris: Sindbad, 1987.

** Manuelle Roche, *Le M'zab: architecture Ibadite en Algérie*, Paris: Arthaud, 1970.

1

2

3

4

5

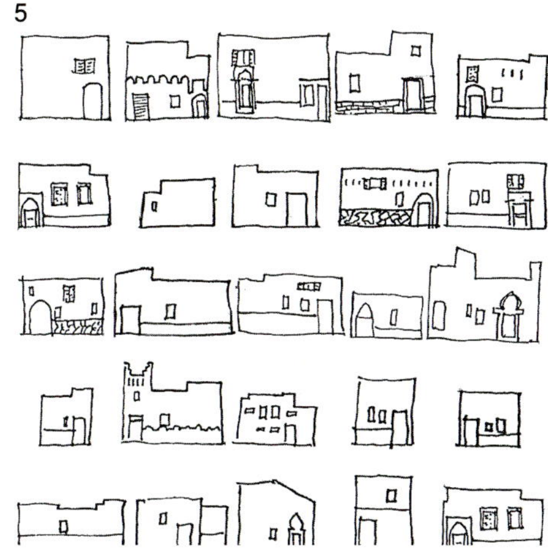

6

7

1
이 수채화는 음자브에 있는 집들의 외벽에 사용된 몇 가지 색들을 보여주는데, 대부분 황토색과 모래빛 색조이다. 파란색, 청록색, 분홍색, 초록색은 도시 풍경에 생기를 불어넣는다.

2/3
1984년에 가르다이아의 좁은 골목길을 따라 조사하여 기록한 색채를 보여주는 2개의 표는 중요한 세부사항 두 가지를 설명하고 있다. 첫 번째는 외벽의 색이 대부분 모래빛 색조로 이루어져 있다는 것이다. 두 번째로 파란색과 분홍색 역시 외벽에 자주 나타나는 반면, 초록색은 주로 안뜰과 테라스에 사용되기 때문에 별다른 역할을 하지 못한다는 것이다. 보조색과 강조색 범위에 해당하는 색조들은 주조색 범위의 색조들과 같은 영역에 속하긴 하지만, 따뜻함과 차가움이 대비되는 부분을 만들기 위해 사용된다는 점이 특징적이다.

4/6/7
가르다이아에 있는 집들의 외벽에 나타난 분홍색의 몇 가지 조합이다. 이러한 색조들을 보고 있노라면 건축에서는 색과 재질이 하나가 될 수 있다는 생각이 든다.

5
종합표에 포함된 집들을 작게 그린 스케치

모로코 MOROCCO

우아르자자테와 모로코 남부
OUARZAZATE AND SOUTHERN MOROCCO

하이아틀라스High-Atlas와 안티아틀라스Anti-Atlas 산맥 사이에 자리 잡은 우아르자자테는 사하라 사막으로 들어서는 길목이다. 이 도시는 드라Dra 계곡과 다데스Dades 계곡이 교차하는 지점에 위치하며, 사막을 배경으로 매우 독특한 건축 구조를 이루는 흙빛 마을과 초록빛 오아시스들이 늘어서 있다.

하이아틀라스에서 시작된 다데스 강과 우아르자자테 강이 만나는 곳에서 드라 강이 흘러나온다. 이 강은 사그로Saghro 산맥과 시오라Siora 산맥의 습곡 사이로 구불구불한 길을 새기며 시작되는데 그 길이가 약 60km가 넘는다. 깊은 골짜기의 검은색 바위들과 어떤 동식물도 찾아볼 수 없다는 사실은 꽤나 인상적이다.

1
드라 강을 따라 세워진 오래된 마을 타부키Tabuki는 그곳을 둘러싼 광활한 사막의 풍경과 색채적으로 조화를 이루는 흙 건축의 실루엣을 보여준다. 사진 앞쪽의 강바닥에 생긴 흰 소금의 밝은 색조는 여러 단계의 황토색을 가진 모래, 토양과 대비를 이룬다.

1

작은 도시 아그데즈Agdz의 뒤편에는 놀랍게도 오아시스가 있다. 오렌지, 레몬, 아몬드, 올리브, 야자나무는 곡물과 식량을 풍요롭게 생산해내는 비옥한 밭에 둘러싸여 있다. 그리고 그곳에서부터 드라 강을 따라, 아그데즈에서 음하미드Mhamid까지 길게 이어지는 6개의 야자나무 숲이 있다. 여기에서 사하라 오아시스에서 흔히 볼 수 있는 세 종류의 식물, 즉 야자나무, 과일나무, 곡물이 자란다. 관개수로를 이용해 최대한 활용할 수 있는 물은 이 지역에 부를 가져다주는 자원이다. 깨끗한 물이 사막을 가로질러 흐르는 것은 일종의 마법과도 같은 일이다.

이렇게 사막 한가운데 경작지가 함께하는 대조적인 풍경 속에 돌로 이루어진 인상적인 마을, 또는 크수르가 서 있다. 보통 돌이 많은 산꼭대기에 위치해 상대적으로 중요한 구역을 형성하는 이러한 마을들은, 예전에는 성벽에 둘러싸여 있어 풍요로운 계곡을 탐내던 유목민들의 공격으로부터 보호받았다. 붉은 황토색을 띤 어도비 벽돌로 쌓고 입구를 하나만 뚫어놓은 벽은 난간과 아치형 기둥으로 장식되어 있고 측면에는 작은 구멍이 뚫린 탑들이 세워져 있다. 크사르 내의 길들은 거의 항상 남동쪽을 향해 긴 축을 이루며 다른 길들과 직각으로 만나면서 일정한 네트워크를 형성한다. 공동 저장고는 가정마다 각자의 공간에 곡물을 저장할 수 있게 해준다. 집은 네모난 방과 전통식 안뜰, 그리고 외부의 열기가 강할 때 시원함을 최대한 지켜줄 수 있는 어두운 광으로 이루어져 있다.

2

2
자고라Zagora에서 30km 떨어진 곳에 있는 인상적인 마을 아수레Assurer에는 길 가장자리를 따라 야자수 숲이 펼쳐진다. 전반적으로 절제된 건축 언어는 정교한 모서리 부분과 계단 모양의 패턴들을 통해 완화된다. 입구 역시 이 풍경의 전체적인 리듬에 매우 중요한 강조점을 더한다.

집은 이곳에서 나는 흙으로 만들어지는데, 물을 약간 섞은 흙을 판자로 만든 틀에 부으면 '말른maalen'이라고 부르는 석공 우두머리가 나무공이로 탄탄하게 압축시킨다. 지붕 테라스는 나뭇가지 더미로 만든 다음 빗물이 쉽게 흐르도록 약간 경사를 주어 흙을 덮는다.

어도비 벽돌은 무언가로 덮지 않으면 부서지기 쉬운 재료이며 다시 흙으로 돌아갈 수도 있다. 건축가들은 이제 이렇게 뛰어난 유산을 보존하기 위해 필요한 방법들에 대해 잘 아는데, 제일 많이 노출되는 쪽에 돌벽을 세운다거나 외벽을 칠한다거나 혹은 역청 펠트로 벽을 절연하거나 하는 방법 등이다. 오늘날의 건축업자들도 여전히 똑같은 건축 재료를 똑같은 원리와 순서에 따라 사용한다. 그러나 소수의 주민들은 크수르를 떠나 경제 활동이 덜 제한되어 있는 다른 곳을 찾아가기도 한다. 대부분이 아랍인과 베르베르족으로 이루어져 있고 종종 더 검은 피부를 가진 하라틴족Haratine과 혼혈이기도 한 드라의 주민들은 기본적으로 직조나 도자기, 가죽세공 같은 공예업에 종사하고 있다.

1

2

1
푸릇푸릇한 곡창지대를 가르는 아시프멜라Asif Mallah 강을 따라 나 있는 오래된 마을 아이트벤하두는 전통적인 카스바 건축의 역사를 증언해준다. 단순한 어도비 벽돌이 층층이 쌓여 빛과 음영을 리드미컬하게 잡아낸다. 이 마을은 세심한 복원 사업이 진행되었던 장소이기도 하다.

2
방어용 탑이 있는 카이드탐루가드Caïd Tamrougad 성채는 아틀라스 산맥이라는 천연 방벽과 드라 오아시스 사이의 전략상 요지에 위치해 있다. 이곳 풍경이 지닌 영구적인 색은 흙빛이 도는 따뜻한 갈색과 산비탈의 보랏빛 갈색이 지배적이다. 일시적인 색은 하늘의 푸른색, 식물의 초록색, 강물에 비쳐 계속해서 변화하는 색들이다.

3

4

3
다데스 계곡은 '수천 개의 카스바 계곡'이라는 별명으로 불릴 만하다. 수크엘케미르Souk el Khemir에 있는 카스바는 흙빛 색채는 물론 우아한 비례와 벽 위에 늘어선 정교한 장식을 자랑한다. 장식은 벽돌에 오목하게 홈을 파거나 돋을새김으로 꾸며 만든다.

4
매우 소박한 모습의 건물 외벽에서 이 지역 토양과는 약간 다른 색을 띠는 흙으로 때운 모습을 볼 수 있는데, 마치 단색 회화 같은 느낌을 준다. 전체가 흙과 돌로 이루어진 배경 속에서 짙은 파란색 문이 눈에 강렬하게 들어온다.
드라 계곡에 있는 이마시네Imassine

5
벽돌을 높이 쌓아 세운 벽의 보호를 받는 두 채의 카스바는 거의 똑같은 모양으로, 다데스 계곡으로 뻗어나가는 사막 위에 비교적 최근에 지어진 것들이다. 땅과 건물의 색이 완벽한 조화를 이루며, 계곡 너머 멀리에는 하이아틀라스 산맥이 서 있다.

드라 계곡 내에는 흙으로 지은 또 다른 건축물이 남아 있다. '카스바kasbah'라 불리는 일종의 성채는 전략상 요지를 차지하고 있으며 네 모퉁이에 탑이 있는 유럽의 요새와 닮아 있다. 이 지역의 카스바들은, 마라케시Marrakech로 향하는 길에 있는 우아르자자테에서 그리 멀지 않은 언덕 위에 지어진 아이트벤하두Ait Ben Haddou 성채를 떠올리게 한다. 베르베르족 고유의 건축을 잘 보여주는 이 건물군에는 감시와 방어를 위해 높게 쌓은 담과 작은 구멍이 뚫린 탑이 있으며, 장식적인 카스바들과 똑같은 구조로 지어진 수많은 집들은 독특한 건축적 특징을 드러낸다. 붉은색 흙더미 위에 솟아 있는 붉은색 외벽에서 볼 수 있듯이 오직 하나의 색만이 지배적이다. 이 마을에서는 한창 복원 작업이 진행 중인데, 주민들은 집이 전통 방식에 따라 원래의 상태로 복원되길 기다리는 동안 현대식 집을 제공받아 거주하고 있다.

5

이런 종류의 건축물이 가장 빈번하게 나타나는 곳은 다데스 계곡으로, 이 계곡의 오아시스를 가로지르는 길에는 특히나 많아 '카스바 길'이라고 불릴 정도이다. 우아르자자테를 벗어나자마자 하이아틀라스를 따라 광활한 사막이 펼쳐진다. 산 정상은 6월까지 눈으로 덮여 있어 낙타 몇 마리가 유유히 지나가는 자갈투성이 사막과 강렬하게 대비된다. 다데스 계곡 다음으로 마주치는 것은 장미 덤불로 둘러싸인 야자나무 숲 스쿠라Skoura이다. 장미꽃을 증류해서 만드는 장미 향수는 이 지역에서 가장 널리 팔리는 상품이다.

엘켈라데음구나El-Kelaa-des-Mgouna에 다다르면 차가운 오아시스가 있다. 고원지대에서는 야자나무가 자라지 않기 때문에 채소밭이나 포플러나무, 버드나무, 과일나무가 그 자리를 대신하고 어디를 둘러보든 수천 그루의 장미 덤불이 자라고 있다. 그 다음으로 부말네Boumalne로 가는 모든 길목에 잇따라 이어지는 마을들에는 황토색 크수르와 카스바가 빼곡하게 절벽을 차지하고 있다.

드라 계곡과 달리 다데스 계곡은 유목민들의 지배에서 벗어났지만, 이웃 부족의 습격을 받을 위험이 있었다. 이러한 이유로 17세기에 오아시스를 세운 산간지방의 일족들은 그 자체로 방어 기능이 있는 주거 단위인 크수르와 카스바를 짓기 시작했다. 어떤 크수르들은 1800년 이전까지 거슬러 올라가기도 한다.

아랍어로는 '크사르', 베르베르어로는 '이르헤름irherm'이라 부르는 요새화된 집단 부락이 다데스에서 나타난 최초의 거주 형태였던 반면, 베르베르어로 '티르헤름tirhermt' 혹은 '티겜미tiguemmi'이고 종종 카스바라 부르기도 하는 부족의 성채는 공간 부족으로 인해 부락을 떠나게 된 일족들에 의해 훨씬 나중에 지어졌다. 우아함과 견고함을 함께 지닌 이 카스바들은 석조 토대 위에 두껍게 벽을 쌓은 다음 크수르 건축 공법으로 짓는다. 건축 재료인 토양은 튼튼함, 아름다움, 독특한 색채를 세심하게 고려하여 선택한다. 건조되는 과정에서 벽이 꽤 단단해지긴 하지만, 반드시 빗물에 강한 지푸라기를 흙에 섞어 발라 벽을 보호해야 한다. 더 오래된 카스바들은 6층이나 7층 높이인데, 맨 윗부분에만 색 벽돌로 장식하여 기하학적인 띠 모양을 이룬다. 장식 벽돌들을 직각으로 놓는 방법도 있지만, 드라 계곡에서는 발견되지 않는다. 고대의 건축 공법에 따라 네 모퉁이에 있는 높은 탑의 벽은 항상 각이 있거나 약간 곡선적이며 작은 성채들 옆에 위치한다.

1

2

3

4

5

1/2/3/4/5
우아르자자테와 그 근처에 있는 오래된 마을의 거리를 오르면서, 철제문들이 장식된 모습을 살펴보는 것은 매우 흥미롭다. 가장 자주 사용되는 형태는 길게 늘인 듯한 다이아몬드이다. 하늘과 땅의 상징적인 만남을 암시하는 것일까?

얇은 금속판의 색은 반다이크 브라운Van Dyck brown이다. (2)에 나란히 찍힌 나무문과 철제문에서 전통과 현대성이 공존한다는 것을 발견할 수 있을 것이다.

1

2

3

4

5

6

7

8

9

1/2/3/4/5/6/7/8/9

여기 보이는 문들은 자신의 집 입구를 어떤 형상이나 색으로 장식하여 특색을 부여하고 싶어하는 집 주인들의 열정을 드러낸다. 벽돌로 쌓은 벽은 도자기 타일이나 모자이크로 정성스럽게 장식된다. 철제문에 장식된 꽃이나 기하학적인 패턴들은 자칫하면 심심해 보일 수도 있는 건물 전체를 활기차게 만들어준다.

10

10
서로 대조적인 색과 재질감을 가진 메마른 흙벽돌과 반짝이는 스테인리스스틸 문이 독특하게 조화를 이루고 있다. 이 문은 하늘과 땅을 왜곡해서 비추는 움직이지 않는 거울과도 같다.
엘켈라데음구나

1

2

오늘날에는 큰 규모의 전통 가옥들 대신에 단순화된 카스바 형태를 복제한 높이가 낮은 건물들이 지어지고 있다. 엘켈라데음구나와 그 주변 지역의 집들은 밝은 황토색 벽돌로 만들어지고, 작은 입구에는 파랑, 초록, 갈색, 황토색으로 칠하고 조각으로 장식한 철제문이 달리곤 한다. 우리는 자크 뫼니에D. Jacques-Meunié가 다데스 주거 건축에 대해 썼던 것처럼 다음과 같이 걱정할 수도 있다. "1940년 이후, 세계 대전의 영향으로 전통이 사라져버렸으며 다데스의 건축 예술은 완전히 황폐해졌다. 최근의 건축물에서는 더 이상 정갈한 선과 교묘한 비례를 찾아볼 수 없으며, 대부분이 외벽을 끌로 긁어 줄무늬를 새긴 낮은 입방체 모양이다."* 아니면 드티에Jean Dethier처럼 열광적일 수도 있는데, 그에게 있어 "시골과 도시 사람들이 이렇게 훌륭한 전통을 천 년이라는 세월 동안 한 세대에서 다음 세대로 이어가며 꾸준히 지켜 온 동시에, 끊임없이 새로운 요구에 적응해서 오늘날까지 온전히 살아남는 방법을 터득했다는 것은 거의 역사의 기적에 가까운 일이다."**

드라의 행정수도인 우아르자자테에 있는 타우리르트Taourirt 카스바는 거대한 크기와 매력적인 흙벽 장식으로 시선을 사로잡는다. 방어의 목적으로 폭이 좁은 담 안에 서로 밀착되게 지어진 카스바들이 모여 밀집된 부락을 이룬다. 건물들에는 세부적인 요소들이 풍부하며 굉장히 정교하게 도려낸hollowed-out 모티프로 장식한 탑들도 있다. 비교적 최근에 지어진 이런 카스바들에는 인구의 많은 부분을 차지하는 가난한 사람들이 살고 있으며, 길거리는 여행자들을 안내하고 디르함dirham: 모로코의 화폐 단위 몇 푼을 얻으려는 아이들로 넘쳐난다.

* D. Jacques-Meunié, *Architectures et habitats du Dadès*, Paris: Librairie C. Klincksieck, 1962.

** Jean Dethier, *Architectures de terre, ou l'avenir d'une tradition millénaire*, Paris: Editions du Centre Pompidou, 1986.

3

4

1/2/3/4
공공건물이든 아니든 상관없이 오늘날 모로코의 건축물들은 모두 베르베르족 전통문화의 흔적을 보여준다. 최근 우아르자자테에 지어진 건물들에 쓰인 주조색의 범위, 즉 흙빛 회색과 황토색은 외벽을 장식하는 하양 테두리들에 의해 더욱 강조된다. 수공으로 제작한 철제문들은 다양한 형태와 문양으로 장식되어 있다.

1

2

3

1/2/3
모로코 남부에서는 외부의 열기가 못 들어오게 막아야 하기 때문에 창문을 절대로 크게 내지 않는다. 아랍식 격자 창살, 무샤라비에mousharabiehs를 연상시키는 창살들이 페인트칠한 나무틀을 보호해준다. 우아르자자테

4

5

6

같은 우아르자자테이지만 이번에는 외곽에 있는 거주지로, 바위가 많고 식물이 자라지 못하는 자갈투성이 토양이 깔린 사막이다. 이곳에 최근에 들어선 건물들이 우리의 관심을 사로잡았고 특정 현장 연구의 주제가 되었다. 새로 지은 집들은 콘크리트블록으로 만들고 초록색이나 갈색 빛이 도는 회색 시멘트를 덮어 흙벽돌보다 차가운 색조를 띤다. 이 건물들은 전통적인 흙집보다 더 높고 입구도 더 많다. 1층 복도를 둘러싼 주랑colonnade은 상업을 위한 공간이다.

1995년 5월, 우아르자자테에서 연장되어 도심과 공항 사이에 위치한 엘크두Elkouds는 아파트 건물 몇 채와 1~2층짜리 연립주택들을 한창 짓고 있는 거대한 건설 현장이었다. 이런 상자 모양의 건물 전면에는 발코니와 로지아loggia: 한쪽이 트인 주랑가 튀어나와 있다. 분명히 지붕 테라스가 반복되고 있음에도 불구하고 똑같은 모습의 집은 단 하나도 없다. 독특한 패턴으로 이루어진 창살은 작은 창문들에 개성을 주며, 수공 철제문은 다양한 장식 패턴들로 꾸며진다. 주조색의 범위로는 회색빛 도는 호박색이 지배적인데, 따뜻한 색조뿐 아니라 차가운 색조의 분위기도 낸다. 보조색과 강조색의 범위는 무엇보다도 외벽을 장식하고 몰딩을 두드러지게 하는 정교하게 얽힌 기하학적 패턴들로 특징지어진다. 철제문과 창문의 격자창살, 발코니는 대부분 갈색조이다.

4
이 표는 드라 계곡의 티풀투트Tifoultout 카스바에 있는 집 25채로부터 얻은 색채 조사 자료로, 흙빛이 도는 갈색의 주조색 범위를 보여준다. 보조색과 강조색 범위에 해당하는 것은 주조색 범위와 어우러지는 갈색의 색조이거나, 혹은 강렬하게 대비되는 푸른색과 녹색 계열이다.

5/6
베르베르족의 건축에 나타나는 장식 요소들 중 하나인 테라스는, 수평의 선을 따라 리듬감을 만들어내는 계단 모양 장식에 의해 더욱 돋보인다. 질감이 느껴지도록 처리한 황토색 외벽은 독특한 느낌을 준다. 철창살로 덮인 창문에 쓰인 푸른색과 녹색 계열의 보조색과 강조색 범위는 따뜻한 느낌을 주는 주조색 범위와 대비를 이룬다.
다데스 계곡

1

2

3

1
모로코 남부의 가옥들은 전통식이건 현대식이건 모두 다양한 빛깔을 내는 흙색으로 특징지어진다. 높은 층으로 이루어진 카스바부터 비교적 최근에 우아르자자테 외곽에 지어진 주택에 이르기까지, 갈색과 분홍빛 황토색, 붉은 황토색이 주조색의 범위를 구성한다. 도심에 있는 건물들에는 베르베르족의 건축에서 영감을 얻은 디자인들이 하양 테두리로 장식되어 있다.

2
엘크두에 있는 이 개인 주택은 깔끔한 선으로 대표되는 건축 언어와 외벽에 칠해진 붉은 보라색으로 특징지을 수 있다.

3
이 표에 있는 25채의 건물 모형은 1995년 3월에 연구를 진행했던 엘크두 신도시에 지배적으로 사용된 색채들을 요약하고 있다. 콘크리트블록으로 만든 이 집들은 우아하고 섬세한 색상의 포장도료로 덮여 있다. 무채색부터 따뜻하고 차가운 색조까지 다양한 종류의 회색이 흙과 모래의 색조와 균형을 이룬다. 보조색과 강조색의 범위는 테두리를 두른 선과 철제세공 부분, 벽 위의 계단 장식 등 거의 모든 곳에 존재하는 하양에 의해 더욱 두드러진다. 철제문은 대부분 갈색 계열이다.

이란 IRAN

야즈드 YAZD

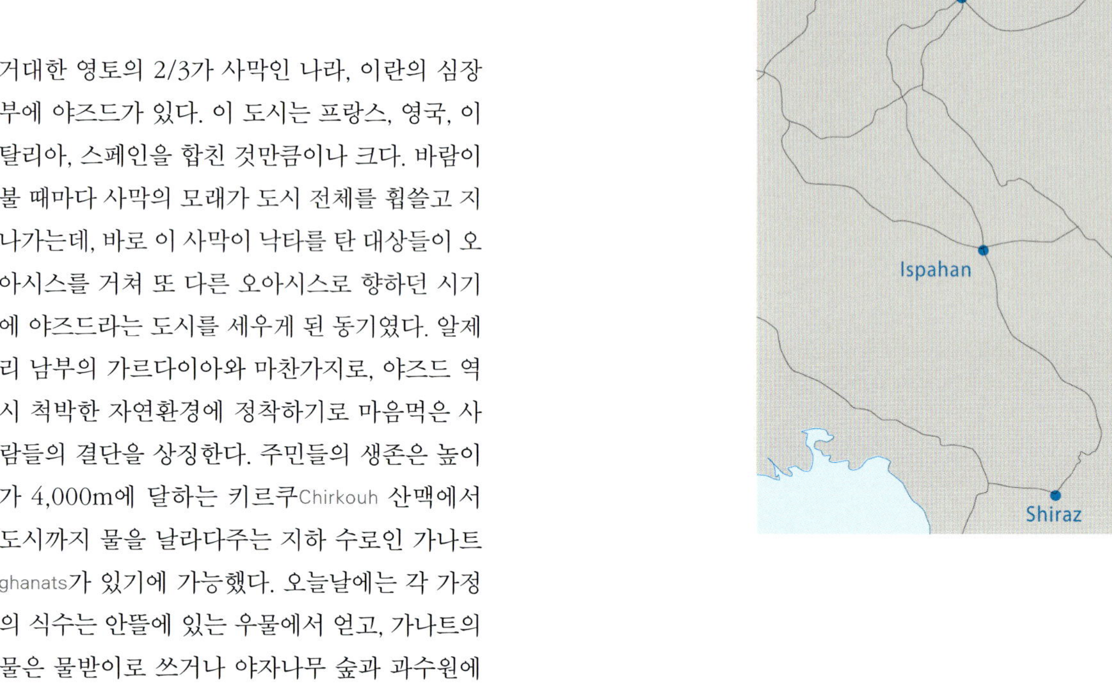

거대한 영토의 2/3가 사막인 나라, 이란의 심장부에 야즈드가 있다. 이 도시는 프랑스, 영국, 이탈리아, 스페인을 합친 것만큼이나 크다. 바람이 불 때마다 사막의 모래가 도시 전체를 휩쓸고 지나가는데, 바로 이 사막이 낙타를 탄 대상들이 오아시스를 거쳐 또 다른 오아시스로 향하던 시기에 야즈드라는 도시를 세우게 된 동기였다. 알제리 남부의 가르다이아와 마찬가지로, 야즈드 역시 척박한 자연환경에 정착하기로 마음먹은 사람들의 결단을 상징한다. 주민들의 생존은 높이가 4,000m에 달하는 키르쿠Chirkouh 산맥에서 도시까지 물을 날라다주는 지하 수로인 가나트ghanats가 있기에 가능했다. 오늘날에는 각 가정의 식수는 안뜰에 있는 우물에서 얻고, 가나트의 물은 물받이로 쓰거나 야자나무 숲과 과수원에 물을 대는 데에만 사용한다.

1

2

1/2

전통적인 사막의 도시 야즈드에는 흙을 햇볕에 말린 피세pisé로 지은 건축물들이 지평선 끝까지 펼쳐져 있다. 각기 다른 시간대에 찍은 이 사진들은 똑같은 재료라 하더라도 빛에 따라 얼마나 다양한 색조를 낼 수 있는지 잘 보여준다. 14세기의 성인에게 헌정된 세예드 록네딘Seyyed Rokneddin 마우솔레움의 돔에는 하늘을 상징하는 청록색이 두드러진다. 돔의 하단부를 두른 두 줄의 '이쿠피ikufi' 서체에는 코란에서 인용한 구절이 적혀 있다.

3

3
모든 집들에 중세부터 사용해 온 통풍 장치인 '바드기르badguir'가 있다. 이 장치는 시원한 바람이 방을 통과해 안뜰의 물 위로 나가게 한다.

사산 왕조Sassanid 시기의 야즈드는 조로아스터교의 중심지였다. 7세기에 아랍인들에게 점령당했던 이 도시는 1220년에는 몽고의 유목민들에게 넘어갔다. 14세기에 이르러 모자파리드인들Mozaffarids이 이곳에 금요일의 모스크friday mosque를 비롯해 화려한 모스크들을 건설했다. 뿐만 아니라 11세기까지 거슬러 올라가는 12명의 이맘Imam: 이슬람교에서 뛰어난 학자의 존칭을 위한 마우솔레움처럼 더 오래된 건물들도 있다.

이슬람 통치 시기부터 야즈드는 케르만Kerman과 함께 조로아스터교도들의 피난처였다. 그들의 종교 관습은 인도로 추방된 동포 파시교도들Parsis의 그것과는 현격하게 다르다. 파시교의 경우 기원전 6세기 조로아스터가 설파했던 고대 페르시아의 종교를 충실히 지켜가고 있다. 그들은 신의 이미지인 신성한 불이 꺼지지 않도록 지켜가고 있으며, 청소년기 즈음에 입문식을 행하는 것은 물론 매우 특별한 장례식을 행한다. 죽은 이의 시신이 신성한 대지와 물을 더럽히지 않도록 도시에서 멀리 떨어진 '침묵의 탑' 계단에 놓고 독수리에게 방치하는 것이다. 이러한 몇 가지 의식을 행하고 훌륭한 삶에 앞장서는 것을 통해 그들은 초월적인 존재를 믿는다. 게브레족Guebres 혹은 조로아스터교도들은 오랜 시간 그들을 이교도라 여긴 이슬람교도들의 횡포에 희생되어 왔다. 남자들은 신원을 쉽게 확인할 수 있게끔 특이한 터번과 신발을 착용하도록 강요당했고, 우산이나 안경을 쓰는 것과 푸른색, 검은색, 녹색, 밝은 빨간색 옷을 입는 것이 허락되지 않았다. 또한 제한된 특정 거주지에 살았으며 어떤 종류의 직업을 갖는 것이 금지되었다. 우리가 연구하던 시기에는 이러한 형태의 차별은 더 이상 남아 있지 않았고 점차 사회가 통합되어가고 있었다.

수 세기 동안 야즈드의 경제는 직물에 기반을 두고 있었다. 옛날에는 야즈드가 비단 직조를 거의 독점하고 있었기 때문에, 이곳을 본 마르코 폴로Marco Polo가 "굉장히 풍요롭고 훌륭한 무역도시이다. 바로 여기에서 금실과 명주실로 짠 '야즈디yazdis'라고 불리는 직물이 만들어진다."고 감탄한 것은 당연한 일이다. 이 도시는 질 좋은 직물 덕분에 몽골과 티무르제국으로부터 안전할 수 있었고, 인도의 대몽골제국에서 의식용 복장을 주문하기도 했다. 19세기에는 1800여 개의 작업장에서 9000명의 장인들이 비단을 제작했으며, 정부가 아편 제조를 금지하기 전까지 줄곧 아편의 원료가 되는 양귀비꽃이 부분적으로 들판에 있는 블랙베리를 대신했다. 이렇게 해서 융단 직조업은 물론 면과 합성섬유로 직물을 짜는 기술이 발전하게 되었다.

뜨겁고 건조한 여름과 길고 추운 겨울, 모래폭풍과 같은 기후적 요인뿐 아니라 사막 지역에 세워진 도시라는 지리적 요소는 그 한계에 맞추어 개조한 독특한 건축물이 생겨나는 데 큰 영향을 주었다. 야즈드는 전통적인 도시로, 기본적인 특징은 단색의 두터운 흙벽 뒤에 안뜰과 정원이 숨어 있는 어도비 벽돌집들로 구성되어 있다는 것이다. 1966년에는 19세기나 20세기 초에 어도비 벽돌과 흙벽돌로 지어진 건물이 85% 이상을 차지했다. 낡아빠진 집들은 햇볕에 말린 벽돌이나 석재로 지은 건축물로 대체되어 새로운 주거 구역의 중심부를 차지하고, 그와 동시에 어도비 벽돌로 지은 전통 건축물이 보다 현대적이고 튼튼한 재료들 때문에 버림받고 있다.

1

1
1976년에 야즈드에서 모은 샘플들은 건축에 사용된 재료를 알려주는 믿을 만한 증거라 할 수 있다. 한데 섞여 있는 건축 재료와 도자기 파편은 푸른색이 지배적인 보조색과 강조색의 범위를 다양하게 보여준다.

2

우리의 연구는 도시의 구시가지에 관한 것이다. 이곳에는 높은 흙벽 사이로 좁은 길들이 교차하며 그 위로 햇볕을 차단해주는 둥근 천장이 덮여 있다. 벽은 전통 가옥에 사는 주민들의 사회적 지위와 생활 방식을 숨겨주는 가리개 역할을 한다. 상업 활동의 주축인 시장bazaar은 작고 둥근 어도비 벽돌 지붕으로 덮여 있는데, 지붕들끼리 가까이 붙어 있어 하나의 지붕처럼 보이기도 하며 각각의 지붕 한가운데 뚫린 구멍 사이로 빛이 통과한다. 거의 모든 곳에 쓰인 건축 재료는 흙으로, 집과 정원을 둘러싼 벽에 어도비 벽돌의 형태로 사용된다. 좀 더 전통적인 가옥의 경우, 햇볕에 말린 벽돌로 벽과 지붕을 만든 다음 벽토cob를 여러 겹 바르는데 이것은 10~15년마다 새로 덧칠해주기만 하면 되는 비교적 견고한 포장도료이다.

먼저 햇볕에 말린 후 화덕에 구워내는 벽돌을 사용하는 것은 매우 오래된 방식으로, 선사시대의 이란에서 기원한 것으로 보인다. 이 재료는 상당한 장점을 가지고 있다. 기본 형태일 때는 가볍고 내구성이 강하며, 유연성 덕분에 지진에 대한 저항력이 있다. 게다가 훌륭한 단열재이기도 하다. 가옥을 건설하기 위해 전통 건축가인 메마르Me'Mar와 석공들이 초빙되고 노동자들이 매일 보충되어 벽돌을 제작하기 위해 땅에서 흙을 퍼 올린다.* 그 다음은 한 가지 색이라 해도 믿을 정도로 굉장히 비슷한 주거지와 주변 환경의 색채를 서로 조화시키는 일이다.

2
드자메Djame 모스크를 위에서 찍은 이 사진은, 흙으로 지은 돔이 서로 겹쳐 있는 야즈드 지붕의 특징을 보여준다. 실내 정원을 연상시키는 안뜰에 나무 몇 그루가 솟아 있다. 염색 장인들의 구역에 보이는 방금 염색한 모직물들이 단색조의 풍경에 선명하고 우연적인 색채를 더한다.

* 야즈드에 대한 하페지 쿠반의 논문은 이란 사막 중 이 지역의 삶에 대한 다양한 관점과 깊이 있는 연구를 보여준다.
Sima Hafezi-Kouban, *Yazd: Face à la "modernization,"*, Sociology, Paris VII, 1975.

1

1
집집마다 꼭대기에 솟아 있는 바드기르는 통풍 장치의 역할을 한다. 이 건축물은 말린 흙이건 구운 흙이건, 흙으로 할 수 있는 거의 모든 종류의 제작 기술을 보여준다.

2

2
오래된 방벽을 따라 펼쳐진 바닥과 벽의 흙빛은 이 지역에 단색의 특징을 부여하며, 식물의 잎이 더하는 일시적인 색채를 통해 더욱 강조된다.

3

이곳의 주거지가 지닌 색채는, 대부분 건물에 사용된 재료와 건축 공법, 기후적 제약으로 인해 생겨난 리듬, 비례와 밀접하게 연관된다. 둥근 천장cupola은 기술적, 기후적 필요성 때문에 사용된다. 태양빛이 둥근 천장의 일부에만 내리쬐면서 그늘진 부분의 내부 온도가 시원하게 유지되도록 돕는 데다가 바람이 지속적으로 불어 온도를 더욱 낮춰준다. 공공건물들에는 훨씬 효율적인 한 쌍의 천장이 일반적이다.

집 내부에 산소를 공급하는 장치인 바드기르는 옛날 방식임에도 불구하고 여전히 널리 사용되고 있다. 보통 네 면이 있는 굴뚝처럼 생긴 바드기르는 바람을 끌어들이고 공기의 흐름을 만들어서 내부에 신선한 공기가 유지되게 한다.

조로아스터교도들의 집에는 이처럼 공기 순환을 돕는 환기탑을 짓는 것이 허락되지 않았는데, 이슬람교도들이 지붕 가장자리에 올라올 수도 있다고 생각했기 때문이다. 따라서 조로아스터교도들은 보다 살기 좋은 공간을 만들기 위해 바닥을 팠다. 이들의 집은 흰색 회반죽으로 외곽을 둘러 한눈에 쉽게 알아볼 수 있게 하였다.

이 도시가 지닌 단색의 색조를 방해하는 유일한 요소는 50여 개나 되는 모스크이다. 드자메 모스크나 금요일의 모스크에 있는 둥근 천장은 하늘을 상징하는 청록색 광택이 있는 벽돌들로 덮여 있다. 이슬람 건축물을 장식한 기하학적 패턴들은 햇빛을 받아 마치 보석처럼 반짝이는 복잡한 모자이크를 만들어낸다.

3
드자메 모스크 내부의 안뜰을 위에서 내려다본 이 장면은 구운 벽돌의 밝은 색조를 과시한다. 사막 너머 저 멀리에는 도시를 에워싼 산이 우뚝 솟아 있다.

거주지에 나타나는 보조색과 강조색의 범위는, 보통 거리 쪽을 향해 난 여닫이문에 칠해진 색들로 한정된다. 문은 넓고 길다란 나무판자에 연철로 만든 징wrought-iron nail을 가로로 두 줄 박아 넣어 만든다. 반면 창문은 외벽에 가려져 지나가는 사람들에게는 보이지 않는다.

일시적 요소인 식물들은 다양한 색조와 음영으로 상쾌함을 더한다. 가장 흔히 볼 수 있는 것은 석류나무로 거의 물을 줄 필요가 없다. 안뜰의 분수 주위에 있는 다양한 종류의 과일나무와 식물은 그늘을 제공하여 강렬한 햇볕과 뜨거운 열기를 달래준다. 하늘을 비추는 분수와 끊임없이 움직이는 물보라가 단순히 상징적인 기능만을 가진 것은 아니며, 집안일에 사용되는 동시에 시원함을 제공하기도 한다.

우리가 연구를 진행하던 1975년 즈음에 야즈드는 구조 면에서 예외적으로 일관된 도시의 모습을 가지고 있었다. 극도로 절제된 주조색의 범위로 인해 더욱 강조되는 건축적 통일성은 매혹적인 사막의 햇빛 아래 굉장히 독특한 특징을 드러낸다. 실제로 깨끗한 공기와 강렬하게 반사되는 햇빛은 원래의 색을 변화시켜 건물에 색다른 매력을 부여한다.

1

2

3

1
한데 모아놓은 말린 과일과 콩은 자연이 지닌 놀라운 색채범위를 보여준다.

2
도시 근교에 있는 개인 정원으로 들어가는 입구의 모습이다. 나무문과 말린 흙벽돌, 어도비 벽이 형성하는 일관된 자연의 색조는 서로 대조적인 느낌의 재료들을 통해 더욱 두드러진다.

3
토양, 벽돌, 회반죽과 같은 재료 샘플들은 현장에서 얻은 색채 자료를 재검토하는 데 있어 매우 중요한 역할을 한다.

4/5
길과 안뜰을 따라 나 있는 목조 부분만이 돌로 된 나머지 부분의 차분한 색조와 대비를 이룬다.

4

5

6

7

6
바닥에 벽돌이 깔려 있는 드자메 모스크의 안뜰에서 장식적인 직각 패턴을 볼 수 있다.

7
낡은 건물의 문 안쪽에 있는 수평 지지대가 연철 징으로 고정되어 있다. 여자아이가 입은 옷의 대조적인 색채가 청록색 문과 조화를 이룬다.

1/2
페르시아는 동양에서 먼저 생겨나 나중에 서양, 특히 스페인과 포르투갈로 전해진 도자 타일의 발전에 있어 매우 중요한 역할을 하였다. 여기 보이는 모자이크는 알리Ali(1)와 알라Allah(2)를 찬양하는 신성한 언어를 이룬다.

1

2

3

4

3/4
코란에서 따온 이 구절들은 곡선이 지배적인 툴루스Tuluth 양식에 따라 푸른색 배경에 흰색 타일로 무늬를 낸 것이다.

5

5
꽃무늬가 장식된 도자 타일의 세부

1

1
장식 징을 박고 군청색lapis-lazuli으로 칠한 이 낡은 문은 기하학적인 패턴으로 배열된 밝은 색조의 벽돌들과 대조되어 눈에 확 띈다.

2

3

4

2/3
색이 칠해져 있건 나무의 자연색이건 이처럼 오래된 문들은 선조들의 노하우를 여실히 증명한다.

4
다양한 범위의 푸른색을 아우르는 도자기 파편과 회반죽 샘플들

1

2

3

4

1/2/3/4
고대부터 벽돌은 건물의 기본 단위가 되는 재료였으며, 단순히 기능적인 역할에 그치지 않고 다양한 방법의 축조를 가능하게 해주었다. 벽돌에 사용하는 토양의 성분과 말리거나 굽는 방식의 차이에 따라 다양한 색조가 나타난다. 야즈드에 여러 종류의 착색 안료가 있음에도 불구하고, 벽돌 색은 일반적으로 밝거나 어두운 황토색 계열에 속한다.

5
이란 사막의 도시들은 그 지역 모래와 토양의 색에 한정되어 놀랄 만큼 일관된 단색 효과를 만들어낸다. 행인들의 눈에 보이는 색이라고는 거리를 향해 난 문과 입구에 칠해진 색뿐인데, 대부분 초록, 파랑, 청록이며 가끔 원래의 색을 그대로 남겨두기도 한다.

5

6

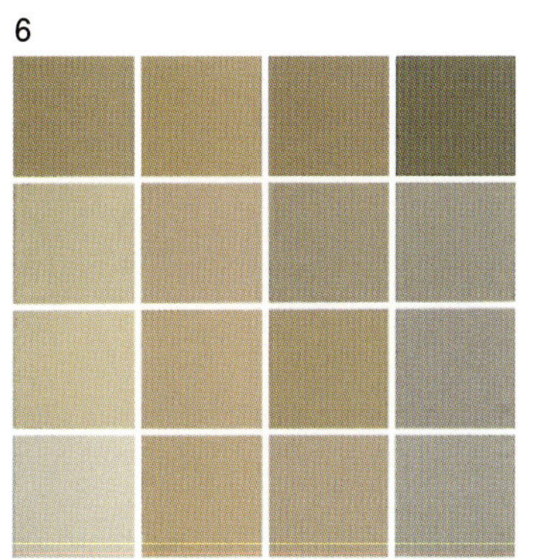

7

8

9

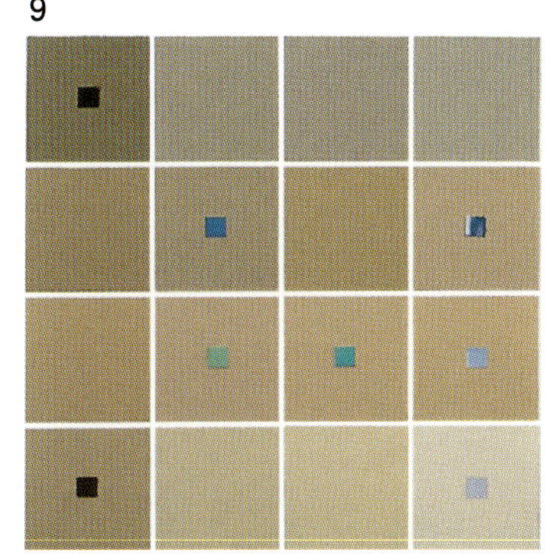

6
야즈드의 주조색 범위는 옅은 황토색부터 짙은 황토색까지, 흙이 지닌 색조에 집중되어 있다(1975년의 현장 연구).

7
야즈드의 건축물에서 볼 수 있는 보조색과 강조색 범위는 파랑에서 청록에 이르는 범위 내의 색조들로 특징지어진다.

8/9
이 2개의 표는 세부 요소들을 강조하는 데 사용된 푸른색 계열과 건물 외벽을 채우는 황토색 사이의 대비를 잘 보여준다.

예멘 YEMEN

1996년 4월에 다시 한 번 조사했던 두 지역은 예멘공화국에 속해 있다. 이 나라는 1839년에 영국인들이 아덴Aden에 정착한 이후인 19세기에 예멘아랍공화국(북예멘)과 예멘인민민주공화국(남예멘)으로 나눠지게 되었다. 매우 빠른 통일 과정에 힘입어 1990년 5월 22일에 설립된 현재의 예멘공화국은 문화적, 역사적, 지리적 단일성을 회복해가고 있다.

1

예멘은 고대에 '행운의 아라비아Arabia felix'라고 불렸던 것처럼 행복과 정직함의 나라로, 온화한 기후 덕분에 주민들은 풍요로운 대지의 결실을 누린다. 예멘은 독특한 지형으로 인해 5개의 지역으로 명확하게 분리된다. 먼저 북예멘의 대도시 대부분, 특히 수도인 사나Sana'a가 속해 있는 산악 지역 자이디트Zaydite, 농업이 발전하고 타이즈Taiz를 주도로 하는 중심 지역, 홍해를 끼고 있어 뜨겁고 습한 기후를 가진 티하마Tihama, 그리고 아덴이라는 도시를 에워싼 남예멘의 해안선, 마지막으로 자울Jawl과 하드라마우트Hadramaout의 골짜기이다.

색에 대한 우리의 연구는 이중 두 곳에서 진행되었는데, 서로 굉장히 다른 특징을 보였다. 하나는 사나와 그 주변의 북예멘 영토였고, 다른 하나는 하드라마우트에 있는 오아시스와 3개의 주요 도시 세연Seyun, 타림Tarim, 시밤Shibam이었다. 높이가 3,500m에 달하는 북예멘의 고원지대에 사는 토착민들은 계단식 농지에 농사를 짓는데, 지속적인 노동과 온화한 기후 덕분에 이곳에서 나는 과일과 채소, 곡물(예멘 음식의 주재료인 사탕수수, 보리, 밀, 옥수수), 커피 등이 나라 전체의 농업 생산량 대부분을 차지한다. 이러한 수확물들은 현재 유일하게 생산율이 늘고 있는 카트khat가 더 좋은 땅을 독점하게 되면서 계속해서 감소하고 있다. 카트는 전통적으로 내려오는 일종의 관습인데, 점심을 먹고 나면 남자들은 갓 따낸 부드러운 연둣빛 잎 하루치를 사서 담배를 피우고 콜라를 마시는 내내 이 잎을 천천히 씹는다. 저녁이 되어 그만 두는 순간까지 모든 동작들이 느릿느릿하다. 식량 생산은 줄어들고 인구는 증가하고 있는 예멘은 오늘날 곡물의 대량 수입이 불가피해졌다.

2

1/2
이 두 페이지는 예멘의 지리적, 건축적 다양성을 보여준다. 왼쪽에 보이는 북예멘과 오른쪽의 남예멘은 1990년에 통일되었다. 왼쪽의 풍경은 채소와 곡물, 커피, 카트를 키워 온 고원지대의 산꼭대기에 있는 벽으로 둘러싸인 마을이다. 드제벨하라즈Djebel Haraz의 동쪽 비탈에 위치한 바누모라Banu Mora 마을은, 사암으로 지은 건축물들과 바위투성이인 주변 환경이 완벽하게 일치되는 단색의 색조를 보여준다. 시밤은 남예멘에 위치한 하드라마우트의 광활한 사막에 마치 신기루처럼 서 있다. 일정한 구획을 이룬 건물들에 덮힌 회반죽은 햇빛을 강하게 반사하면서 이 기념비적인 흙 건축물의 놀라울 만큼 현대적인 특징을 강조해준다.

1

1
'600개의 첨탑minaret이 있는 도시' 사나의 구시가지를 위에서 내려다보면, 2300m 높이의 산 위에 있는 이 도시의 비길 데 없이 아름답고 장식적인 건축물을 발견할 수 있다. 도시 경관의 색채적 일관성은 한편으로는 회색빛이 도는 황토색 흙벽돌이 주를 이루는 주조색의 범위에서, 다른 한편으로는 흰 석회로 테두리를 장식한 패턴들로 이루어진 보조색과 강조색의 범위 같은 세부 요소들에서 비롯된다.

이 나라에서 일어난 폭발적인 인구 증가는 부분적으로는 높은 출생률에서 기인하는데, 10명이 넘는 자녀를 가진 가정을 보는 것이 드문 일이 아니다. 또한 사우디아라비아를 떠나도록 강요당한 100만여 명의 예멘 사람들이 1990년, 이 나라로 돌아온 것도 한 가지 이유이다. 사회적인 구조는 꽤 복잡하며 직업, 종교, 거주지가 시골인지 도시인지에 바탕을 둔 계급제도를 따르고 있다. 우리는 우연히 아브라함Abraham의 희생을 기리는 아이드Aïd 종교 축제 기간에 사나에 머무르게 되었다. 축제 며칠 전부터, 특히 축제 전야에 도시는 이미 흥겨움으로 떠들썩했다. 모든 사람들이 새로운 옷, 예를 들면 사우디 스타일의 흰색과 푸른색 '젤라바djellaba: 아랍 남자들이 입는 두건 달린 긴 상의'와 상인들이 목청 높여 파는 조끼를 구하러 수크souk로 쏟아져 나왔다. 길 한가운데에는 아이들이 모여 색이 바랜 '잠비야jambiya: 날이 휜 단검'를 밝은 에메랄드색으로 칠하고, 양들은 저녁 식사를 위해 팔려가길 느긋하게 기다리고 있었다. 무기이자 장신구인 잠비야와 함께 남자들의 전통 복장은 상의와 '푸타futa'라고 부르는 치마로 이루어진다. 터번은 예절상 꼭 필요하고 갓 결혼한 남자들은 어깨에 숄을 걸친다. 여자들이 공공장소에 갈 때는 철저하게 차려입어야 하는데, 검은 베일로 얼굴을 완전히 가리고 '시타라sitara'로 알려진 붉은색과 푸른색 패턴의 긴 인도 천을 걸친다. 사나의 여자들은 눈조차 드러내지 않으며 손에도 검은색 장갑을 끼고 다닌다.

이 지역의 주식은 둥근 화덕에 구워 채소, 콩과 함께 곁들인 사탕수수 팬케이크인데, 이 곡물은 정력을 주며 치료 효험도 있는 것으로 알려져 있다.

2

3

2/3
사나의 도시 구획이 가진 독특함 중 하나는 구시가지의 중심부 여기저기에 존재하는 채소밭에서 비롯된다. 이 작은 채소밭 구역은 도시 경관에 평화롭고 상쾌한 분위기를 선사해준다. 근처의 주민들은 선선한 저녁이면 이곳으로 와서 해질녘까지 밭을 일구곤 한다.

1

북예멘과 남예멘 사람들은 모두 솜씨 좋은 기술자들이다. 그들이 직접 지은 집들은 풍경 속에 완벽하게 녹아들어 조화를 이룬다. 재료가 돌이든 벽돌이든 아니면 점토이든, 각각의 건물이 어떻게 지어질지를 좌우하는 전통적인 원칙들은 한편으로는 외부의 침입자에 대한 방어의 필요성, 그리고 다른 한편으로는 경작지를 최대한 넓히려는 목적으로 생겨났다. 따라서 집들이 뿔뿔이 흩어져 있는 경우는 거의 없다. 대신 적에 대비하여 세운 높고 두터운 벽을 가진 아파트 건물들이 견고한 성곽을 형성한다.

1/2
검정 현무암 토대 위에 1층 또는 2층 높이의 석회암 층이 있고 그 위로는 벽돌이 나타난다. 벽돌로 만든 기하학적인 장식띠들은 마치 부조처럼 약간 튀어나와 있어 각 층과 창문의 윤곽을 잡아주며, 회반죽을 두껍게 바른 건축 몰딩 역시 전체적인 윤곽을 선명하게 드러낸다. 1980년대에 유네스코는 사나의 구시가지를 보호하고 탑이 있는 낡은 건물들을 보수하기로 결정하였다.

2

3

3
채소밭과 접해 있는 이 아파트는 사나의 낡은 건물들이 가진 색채적 일관성을 보여주는 좋은 예이다. 주조색의 범위는 현무암, 토양, 벽돌, 회반죽의 색에서 비롯된다. 보조색과 강조색의 범위는 각 건물 1층에 나란히 있는 푸른색 문의 인상적인 효과와 함께 목조 부분, 디자인적 요소의 색조들로 구성된다. 이들은 모두 영구적인 색에 속한다. 일시적인 색은 식물의 녹색과 하늘의 푸른색이다. 여기에 밝은 노란색 우편배달 트럭과 같은 차들이 우연적인 색을 더한다.

1

2

3

4

5

6

7

8

1/2/3/4/5/6/7/8
철제문과 입구는 금속세공사들이 만든 것으로, 먼저 수평과 수직 띠로 문을 보강한 다음 다양한 형태들을 독창적인 방법으로 접합한다. 금속세공사들이 만든 패턴들은 강렬한 색채 대비로 인해 더욱 두드러져 보인다.
사나와 그 주변 지역

1

2

3

예멘 도시들의 건물 배치는 도시 계획의 결과물이 아니라 이슬람 전통의 특징이다. 그러나 대부분의 아랍식 집들이 안뜰을 둘러싸듯 지어져 창문이 모두 안쪽을 향해 열리는 반면, 여기에서는 예외적으로 집이 길가를 향해 나 있다. 집의 높은 층에 있는 거실 혹은 '마프리즈mafrij'는 주변의 시골 경치를 둘러볼 수 있게 한다. 외관 디자인에 대한 예멘 사람들의 취향 역시 사우디아라비아의 기준과는 대조적이다. 예멘의 건축적 특징은 이슬람 이전의 문화로 거슬러 올라가며 아마도 메소포타미아로부터 영향을 받았을 것이다.

북예멘 NORTH YEMEN

북예멘의 건축물은 너무나 오랜 세월 동안 알려지지 않은 채 남아 있었기 때문에 더욱 더 방문자들을 놀라게 한다. 예멘은 1962년 이전까지 티베트 다음으로 폐쇄적인 사회였다. 2300m 높이의 산들에 둘러싸인 수도 사나는 거의 2천 년 전부터 노아Noah의 아들, 셈Shem이 세운 도시라 믿어지고 있다.

성벽으로 둘러싸인 이 옛 도시는 유네스코가 보존하는 세계문화유산으로서 진정한 건축적 보물이라 할 수 있다. 사나는 3개의 도심 지역으로 이루어져 있다. 먼저 아라비아 반도에서 가장 오래된 수크와 함께 성채가 우뚝 솟아 있고 인근의 모스크에 수익을 제공하는 채소밭이 도처에 널려 있는 구 아랍 지역, 그리고 건물 높이가 2층으로 제한되어 있고 어떤 외부 장식도 금지된 유대인 지역, 마지막으로 16세기에 지어진 집들이 넓은 정원에 둘러싸여 있는 터키인 지역이 그것이다.

1/2/3/4/5/6
북예멘의 도시와 시골의 전통 건축물 어디에서나 볼 수 있는 구조적, 형식적 요소들의 풍성함과 다양성은 굉장히 매력적이며, 이러한 매력은 건축 몰딩을 돋보이게 해주는 수많은 패턴과 장식띠를 통해 더욱 커진다. 창문 윗부분은 기하학적 패턴과 꽃무늬가 있는 아치형 스테인드글라스 창으로 꾸며져서, 해질녘이 되어 불을 밝히면 선명하고 대조적인 색채를 드러낸다.

1 카힐
2 마나카
3 와디다르Wadi Dhar
4/6 모나카Monakha
5 카우카반

4

5

6

사나의 옛 건축물은 꼭대기에 탑이 있는 6~7층 높이의 집들로 특징지어지는데, 이는 그리스도가 탄생하기 수 세기 전부터 인기를 얻었던 건축 양식이다. 1층과 2층은 동물과 식량을 비축해두는 곳이었고 3층은 여자와 아이들, 바깥쪽을 향한 커다란 응접실이 있는 제일 윗층은 집안의 가장을 위한 장소였다. 전통 건축의 색채범위는 여러 가지 재료들에서 비롯된다. 먼저 검은색 현무암 토대 위에 황토색 석회암이 한두 층 쌓이고 검은색 화산암으로 수평의 띠나 장식 문양이 꾸며진 다음, 아치와 상인방에는 분홍색 사암과 녹색 현무암이 번갈아가며 사용된다. 이렇게 다양한 석재들의 다채로운 효과는 남부 아라비아의 아주 오랜 전통을 보여주는데, 사나에서는 알칼리스Al-Qalis 대성당과 감단Ghamdan 궁전에서 살펴볼 수 있다. 더 가볍고 저렴하면서도 튼튼한 재료인 벽돌은 석재로 쌓은 층들 위에 나타난다.

석공은 벽을 세우는 것과 동시에 디자인되는 장식띠에 자신이 가진 모든 기술과 독창성을 발휘한다. 예를 들면 벽돌로 삼각형이나 마름모꼴을 만들고, 벽에서 살짝 튀어나온 벽돌들을 회반죽으로 덮으면 그 배열과 색, 구성에 의해 외벽이 활기를 띠게 된다. 계속해서 변화하는 빛이 패턴을 강조하면서 사나의 건축물들에 매력적인 느낌을 부여하고, 밤이 되면 창문에 걸린 선명한 노랑, 빨강, 초록, 파랑의 스테인드글라스가 충만하게 울려 퍼진다.

사나를 그토록 매력적이며 돋보이게 하는 것은, 이렇게 멋지게 지어지고 장식된 집들이 그 다양성에도 불구하고 전체적으로는 건축적, 색채적 통일성을 드러낸다는 것이다.

무역거래가 확대되고 새로운 물건들이 시장에 등장하면서 콘크리트와 역암, 그리고 조립식 목재와 철제문처럼 목재나 석재, 벽돌보다 훨씬 저렴한 재료들이 전통적인 개념의 건축 예술에 커다란 변화를 가져왔다. 마레쇼Pascal Maréchaux와 보낭팡Paul Bonnenfant의 뛰어난 저서는 이 옛 도시의 보존과 미래에 대해 다루고 있다.*

* *Sana'a: parcours d'une cité d'Arabie*, under the direction of Pascal Maréchaux, Paris: Institut du Monde Arabe, 1987; Paul Bonnenfant, *Les Maisons-tour de Sana'a*, Paris: CNRS, 1989.

1

1
12세기에 지어진 알하자라 성채는 바위 절벽 위에 서 있다. 서로 바싹 붙여 지은 이 건물들은 침입자들을 막는 성벽과 같은 역할을 한다. 이 사진은 예멘의 산지 건축 중에서도 가장 아름다운 예를 보여준다.

2

2
토대가 되는 석재든 위층의 벽돌들이든, 높은 곳에 위치한 이 도시의 건축 재료들은 모두 산중턱의 분홍색 사암과 완벽하게 동일한 색채를 띤다. 외관 디자인들은 대체로 좌우대칭을 이루는 문과 창문에 기초하고 있어 독창성을 드러내며, 이는 장식적인 패턴들에 의해 더욱 강조된다.
와디다르

3

마나카라는 오래된 도시는 사나에서 티하마Tihama로 가는 길을 끼고 있는 드제벨 시밤Djebel Shibam 기슭을 따라 뻗어 있는 혼잡한 상업 중심지이다. 마치 벽 위로 튀어나온 듯한 이 주거지의 입체적인 구성은 비현실적인 크기의 연극적 배경을 취하고 있다. 빛이 이 풍경의 색과 형태에 미치는 마법 같은 힘을 느낄 수 있을 것이다. 그 우연적이며 일시적인 특성은 이처럼 덧없는 순간의 아름다움을 통해 생겨난다.

3

사나에서 그리 멀지 않은 동쪽에 위치한 마나카Manakha, 카힐Kahil, 시밤, 카우카반Kawkaban, 툴라Thula, 암란Amran, 알하자라Al-Hajjara 등의 도시와 마을들은 건축적 보물의 본거지이다. 북예멘 건축의 전형인 각각의 장소들은 재료 선택과 배치, 장식 효과와 건축 세부를 통해 표현된 말끔한 외관을 자랑한다. 사암이나 현무암으로 지어진 요새 같은 마을들은 바위투성이의 산봉우리들과 어우러져 서로 융합되기 시작한다. 높이 솟은 집들은 일종의 성벽을 형성해 주민들의 안전을 보장해주며 경작지가 손상되지 않게 한다. 돌의 색채는 각 장소의 특색에 적극적으로 개입한다. 예를 들어 카우카반의 붉은 사암, 툴라의 노란 사암, 마나카에서 나는 여러 색이 혼합된 광물, 산화로 인해 색이 어두워진 알하자라의 돌, 알후타이브Al-Hutayb의 붉은 사암, 그리고 밝은 보랏빛부터 에메랄드 녹색까지 눈부신 현무암의 색조!

1

2

3

4

1/2/3/4
북예멘 전체에 걸쳐 벽돌과 돌, 흙으로 지어진 건축물들은 집 디자인에 대한 예멘 사람들의 취향을 보여준다. 이는 몰딩과 다채로운 재료를 통해 건축물 자체에서 뚜렷하게 나타난다. 석공의 창의적인 재능에 뿌리를 둔 간단하거나 복잡한 건축 언어에 회반죽, 석회, 페인트로 칠한 윤곽선들이 더해져, 때때로 건물 전체나 일부에 레이스를 두른 것처럼 보이기도 한다.
1 카힐, 2/3 마나카, 4 툴라

5
이 디자인은 북예멘 도시와 시골 어디에서나 볼 수 있는 집들을 특징짓는 건축적, 장식적 풍부함을 보여준다. 정확히 말하자면 이 디자인은 벽화라기보다 건축의 구성 요소로서 몰딩의 기능과 밀접하게 연관된 장식적 표현이라 할 수 있다. 여기에서 흰색 석회로 칠해진 풍부한 장식은 마치 레이스와 자수처럼 외벽을 가로지르고 있다.

5

1

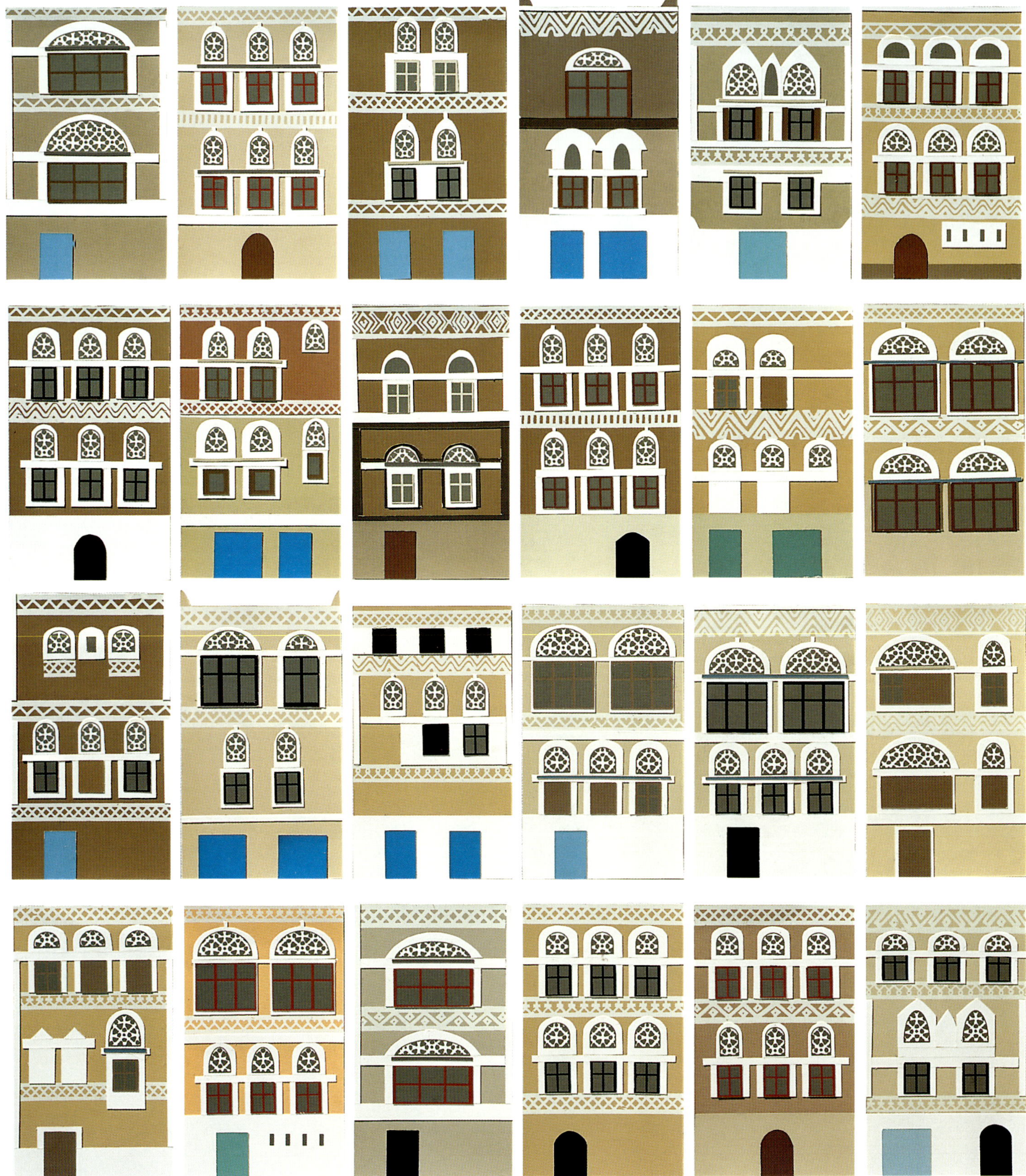

2

3

1
북예멘의 종합표

2/3
알하자라, 암란

남예멘 SOUTH YEMEN

독립되기 전까지 남예멘은 일반적으로 아덴과 그 주변 지역을 포함하는 영국령, 동쪽 보호령 혹은 하드라마우트, 술탄이 다스리는 4개의 영지들 이렇게 세 부분으로 나누어져 있었다. 우리의 연구는 아라비아 반도에 흐르는 2개의 주요한 강 중 하나인 하드라마우트 강에 초점을 맞추고 있다. 이 운하는 우기가 되면 일시적으로 불어나지만, 나머지 기간에는 말라붙어 있다. 땅과 같은 색을 띤 두 절벽 사이로는 푸르른 오아시스가 길게 펼쳐진다. 하드라마우트의 농업은 비, 관개수로와 직접적으로 관련되어 있다. 이곳에서 과일나무, 야자나무, 목화, 밀이 자라나긴 하지만 수확량이 충분하지 않기 때문에 식량을 수입하는 것이 불가피하다.

하드라마우트 사람들은 생계를 위해 인도네시아와 사우디아라비아로 떠나는 일이 많지만 항상 조국에 충실하며, 돌아와서는 인도네시아에서 했던 것처럼 밝은 파스텔 색조로 커다랗고 다채로운 집을 짓는다. 포장도료로 덮여 있든 아니든 간에 기본적인 건축 재료는 여전히 강바닥에서 얻은 침전물인데, 이것을 지푸라기와 섞어 나무틀이나 두 장의 금속판 사이에 붓고 절굿공이로 압축시킨다. 흙으로 뒤덮힌 전통적인 건물들은 바위산과 완전히 똑같은 색을 띠며, 다 지어진 건물은 모로코 남부의 카스바를 연상시킨다. 무샤라비아와 창틀은 인도의 티크 목재를 수입해서 조각한 것이다. 좋은 전망을 가진 독립적인 건물들이 길을 따라 대략 20~30m 정도 흩어져 있으나, 보안상의 이유로 도심의 건물이 더 선호되는 편이다.

경제적 수도인 세연과 타림, 시밤은 하드라마우트에 있어서 보석 같이 귀중한 세 도시이며, 바로 이곳에서 어도비 벽돌로 이뤄낸 가장 훌륭한 성과물을 감상할 수 있다. 북예멘에서처럼 집들은 몇 층 높이로 서 있고 사실상 똑같은 방식으로 구성되어 있다. 대부분의 건물 입구는 벽에 가려져 여자들의 사생활을 지켜준다.

세연이라는 도시는 야자나무, 언뜻 보면 불규칙하게 배열되어 있는 듯한 모스크와 집, 묘지들, 그리고 양과 염소들이 돌아다니는 좁은 길들을 통해 엄청난 매력을 발산한다. 세연에서 33km 떨어진 곳에 있는 타림은 365개에 이르는 수많은 모스크와 호화스러운 자바Javanese 양식 궁전들의 고향 같은 곳인데, 오늘날 대부분의 건물은 그것을 보존하려는 노력의 부족으로 폐허가 되어 있다.

1

시밤은 여러 가지 이유에서 세연과 타림보다 훨씬 더 우리의 이목을 끌고 감탄을 자아낸다. 첫 번째 이유는 위치이다. 인적이 드문 사막 한가운데, 마치 신기루처럼 황금빛 평야 위에 높이 솟은 이 도시에는 흙으로 지은 500여 채의 고층 건물들이 벽에 둘러싸여 있다. 그 하부에 넓게 펼쳐져 강바닥을 메우고 있는 금빛 모래는, 옛 도시와 가파른 산기슭을 따라 절벽 아래쪽에 세워진 시밤 신도시를 구분해준다. 시밤은 적의 침입을 막기 위해 입구가 하나밖에 없는 성벽 내부의 좁은 영지 위에 세워졌다. 이곳에는 사나에서 볼 수 있는 정원이나 채소밭 따위는 없으며 6~7층 높이의 건물들로 가득한데, 굉장히 밀집되어 있지만 건물 높이는 각각 달라 물결치는 듯한 선을 만들어낸다. 층이 올라갈수록 점차 좁아지는 건물 폭과 매끄럽게 쭉 뻗은 외관이 좁은 창문들에 의해 더욱 두드러진다. 짙은 푸른색 하늘을 배경으로 서 있는 이 건축물들은 영묘하게 느껴진다.

2

1
절벽과 야자나무 숲 사이에 버려져 흙과 바위투성이의 주변 풍경과 완벽하게 동일한 색조를 띠는 세 채의 요새는 이곳의 건조함을 상징적으로 보여준다.
히드야Hidya

2
16세기에 생겨난 시밤에는 사막의 모래 벌판을 따라 흙벽돌로 지은 높은 건물들이 가지런히 배치되어 있다. 성벽 안에 빽빽하게 들어선 고풍스러운 고층 건물들은 창문의 리듬과 입체감을 통해 전체적으로 간결하면서도 동질적인 건축적 풍경을 이룬다. 통일성은 밝은 황토색과 흰색으로 구성된 색채범위에 의해 더욱 강화되며, 녹색 야자나무와 푸른 하늘은 이러한 풍경과 대비를 이루는 일시적인 색을 보여준다.

때로는 흰색 회반죽과 함께 칠해지기도 하는 황토색이 주는 전반적인 색채의 일관성은 이 도시 경관이 지닌 놀랍도록 동질적인 인상을 강화해준다. 여러 가지 색으로 칠해진 문들만이 그 집에 사는 사람들의 취향을 표현해준다. 불행히도 시밤은 매년 되풀이되는 홍수와 하드라마우트의 경제적 중심지인 세연의 성장으로 인해 어려움을 겪었으며, 더 이상 지속적인 관리가 필요한 전통을 지킬 방법이 없었다. 그러나 1982년에 흙으로 만들어진 이 걸작들과 그 주변을 둘러싼 벽은 세계문화유산으로 등록되었다.

3

3
남예멘의 와디 하드라마우트Wadi Hadramaout는 우기가 되면 빗물에 잠기는 강을 따라 200km 길이의 오아시스를 형성하면서 사막에 활기를 가져다준다. 하드라알마우트Hadra-al-Maout는 '죽음의 존재presence of death'를 뜻한다.

1/2/3
입구가 하나뿐인 성벽에 들어서자마자, 좁은 골목길과 작고 네모난 광장으로 구성된 시밤의 빽빽한 도시 풍경이 드러난다. 조각 장식된 덧문이 달린 좁은 창문들은 전체적으로 수직상승하는 느낌을 강조해준다. 징이 박힌 낡은 나무문들이 1층에 난 유일한 입구이며, 사람들이 사는 곳은 그 윗층부터이다.

1

2

3

4/5/6/7/8/9/10/11/12
타림과 그 부근에서 찍은 이 문들은 금속판에 조각을 한 것이다. 각 부분을 이어주는 납작한 막대형 보강재가 만들어내는 기하학적 구성은 예멘 사람들의 상상력과 함께 강렬하고 대조적인 색채에 대한 취향을 보여준다.

1

2

1/2
북예멘과 남예멘의 건축물에 사용된 재료의 풍부함은 놀라울 정도이다. 찌는 듯이 뜨거운 햇볕 아래에서 보면 빛, 재료, 색, 촉각적 특성 사이에 존재하는 상호보완성을 깨달을 수 있을 것이다.

1 마나카
2 타림

인도 INDIA

라자스탄 RAJASTHAN

인도 북서부에 위치한 라자스탄은 광활한 지역임에도 불구하고 다른 지역에 비해 인구가 적은 편인데, 주된 이유는 그곳이 본래 사막 지대인 데다가 자연 자원이 부족하기 때문이다.

라자스탄은 역사, 지리, 기후 등 여러 요인에 의해 라자스탄만의 독특함을 가지고 있다. 이곳의 전체적인 지형은 마름모꼴로 북쪽에서 남쪽으로 아라왈리Arawalli 산맥이 가로지른다. 서쪽으로는 주로 덤불 숲과 대초원steppe으로 이루어진 건조한 평야가, 파키스탄 국경을 따라 모래가 높게 쌓여 언덕을 이루고 있는 타르 사막까지 줄곧 펼쳐진다. 동쪽은 강수량이 보다 많고 대지가 훨씬 비옥한 현무암질의 고원 지대이다.

1

라자스탄의 단일성은 굽타Gupta 왕조의 몰락 이후 6세기에 생겨나기 시작한 라지푸트족Rajputs이 지닌 역사적 중요성에서 비롯된다. 크샤트리아Kshatriya 무사 계급의 일부였던 이 '왕의 아들들'은 작은 영토의 우두머리로서 사회적, 군사적 중추를 형성했다. 이들은 터키의 침입자들에게 저항했고, 뒤이어 새로운 왕조를 세우려 했던 마하라트Maharats에 맞서 싸운 전설적인 용기로 유명하다. 19세기 초에 라지푸트족은 자신들의 영토 내에서 일정 정도의 자치권 행사를 허용하는 협정을 영국과 맺었다. 인도 사람들의 해방운동과 함께 계급은 사라졌으나, 모든 특권은 마하라자maharajahs: 전통적인 특권 계급에게 부여되었다.

인도의 정치적, 사회적 삶은 여전히 브라만교의 전통을 이어받은 카스트제도에 큰 영향을 받고 있다. 오늘날에는 일반적으로 힌두교로 알려져 있는 이 전통은 80% 가까이 되는 인도 국민들의 대중적인 관습과 다양한 신앙을 아우르고 있다. 1950년의 법령에서 카스트제도에 근거를 둔 차별을 금지했음에도 불구하고, 사원에서 일하거나 지적인 분야에서 활동하는 브라만Brahman, 다른 어느 곳보다 라자스탄에 많은 무사 계급 크샤트리아, 농부와 상인을 포함하는 바이샤Vaisya, 이렇게 세 계급은 브라마교Brahma의 신도이자 환생한 자들을 나타내는 세 가지 '바르나Varna' 혹은 '색'으로서 일정한 특권을 누린다. 더불어 가난한 농민과 노동자들을 아우르는 수드라Sudra 계급까지 모두 수백여 개의 계급과 하위계급으로 나뉜다. 이렇게 분리된 사회의 변두리에는 불공평한 대우를 받는 사람들, 불결하기 때문에 손대서는 안 된다고 여겨지는 토착 거주민(불가촉천민)의 자손들이 최악의 환경에서 아무도 내켜하지 않는 일들을 하며 살아가고 있다.

라자스탄의 주민들은 농업에 기반을 두고 있으며 히말라야Himalayas에서 타르 사막까지 물을 운반해주는 인디라 간디Indira Gandhi 운하 덕분에 비교적 효율적인 농업 경제를 꾸려나가고 있다. 현재 이 건조한 땅 여기저기에서 사람들은 쌀, 밀, 사탕수수, 땅콩, 평지씨 오일(인도는 세계 최대의 오일 산지이다), 콩류(널리 소비되는 이집트콩, 강낭콩, 렌즈콩), 잡곡, 목화 등을 재배하고 있다.

1/2
라자스탄 서부에 위치한 자이살메르와 조드푸르를 위에서 바라본 이 광경은 색채지리학의 개념을 뚜렷하게 보여준다. 한 쪽의 건물들은 전체적으로 노란색 사암으로 지어졌고, 다른 쪽은 붉은색 사암으로 지은 건물들을 빛바랜 푸른색으로 칠했다. 200km 떨어진 거리에 있는 두 곳은 각각 이 지닌 매우 특별한 색채적 특성을 확실하게 드러낸다.

2

1

게다가 라자스탄은 소, 양, 염소 따위의 가축을 기르는 데 헌신적인 지역이다. 사막에서는 등에 혹이 하나 달린 낙타를 기르는 것이 일반적이듯, 이 지역에서도 길가에 자라난 나뭇잎을 자유롭고 평온하게 씹으면서 떼 지어 돌아다니는 낙타를 보는 것이 흔한 일이다. 인도의 차들은 끊임없이 이어지는 온갖 동물들의 행렬에 익숙하기 때문에 속도가 꽤 느린 편이다. 저녁이 되면 낙타들은 흙집에 사는 주인들이 있는 사막으로 돌아간다. 이렇게 덩치가 큰 동물들은 나뭇가지나 큰 돌을 실은 수레를 끌게 하고, 하얀 황소 역시 짐수레를 끄는 데 이용한다.

한 도시에서 다른 도시까지의 거리가 때로는 너무 엄청나서 정기적으로 커다란 모임이 열리기도 한다. 예를 들어 종교 축제, 시장, 일시적인 상업 박람회 등은 사람들이 만나서 새로운 소식과 상품을 교환하기 위한 좋은 구실이 된다.

오늘날 라자스탄의 경제는 여전히 소규모 산업과 수공업들(방적, 직조, 도기제조, 금세공, 자수, 상아세공 등)이 중요한 부분을 차지하고 있으며, 인도 대륙에서 가장 산업화가 덜 된 지방이기도 하다. 사실상 경제를 독점하는 것은 라자스탄의 고속도로에 수많은 대형 트럭들이 넘쳐나게 한 타타Tata 그룹 같이 매우 거대하고 다양한 산업을 다루는 사기업들이다. 파란색, 초록색과 함께 인도 국기에 사용된 주황색을 띤 이 트럭들은 운전수에 따라 독특한 개성을 얻게 되는데, 그들은 경적 소리를 떠올리게끔 하는 다양한 메시지와 디자인을 통해 스스로를 표현한다.

2

1/2
라자스탄의 주도인 자이푸르는 황토색을 띤 분홍색이라는 특정한 색채범위를 지니고 있다. 이 색은 한편으로는 그 유명한 하와마할Hawa Mahal 즉 '바람의 궁전' 같은 유적에 사용된 분홍색 사암에서 오는 것이며, 다른 한편으로는 1876년 당시 왕세자였던 에드워드 7세Edward VII의 방문을 환영하는 뜻에서 주요 도로에 있는 건물 외벽에 칠했던 분홍색 벽토로 인한 것이다. 100여 년 전에 지어진 바람의 궁전은 아직까지도 그 섬세한 비례와 장식창이 달린 우아한 발코니로 우리를 매료시키고 감탄하게 한다.

3

3
'핑크시티'의 주요 도로들은 다채롭고 떠들썩하며 풍족하다. 모든 종류의 운송수단뿐만 아니라 낙타, 코끼리, 물소, 말, 단호한 눈빛을 지닌 신성한 소 같은 다양한 동물들 역시 이 길을 지나다닌다. 하늘에는 앵무새가 날고 원숭이들은 건물의 처마 이쪽저쪽으로 뛰어다닌다. 이곳에 지배적인 분홍색과 황토색은 하양과 상아색, 옥색, 갈색으로 치장된 건축 세부를 통해 더욱 강조된다.

1

양식화된 디자인과 인상적인 크기를 지닌 엄청나게 많은 운송수단들이 고속도로를 따라 끝없이 늘어선 장면을 보는 것은 굉장히 인상적이다. 신성한 소, 떠돌이 개, 낙타 무리 등 선조들의 삶을 증언해주는 이 모든 것들 중에서 트럭은 현대에 등장한 새롭고도 매력적인 짐승이다.

일자리를 구하지 못하는 사람들이 많기 때문에 대다수의 인구가 극심한 가난과 궁핍함 속에 살아간다. 불모의 시골 지역을 떠나 도시로 온 농민들은 온 가족이 길거리에서 자고 생활하는 등 더 비참한 상황에 이르기도 한다. 간디가 '참된 인도'를 보았다던 한 마을에서는 가난이 더욱 위엄 있는 것으로 여겨지며, 가족들의 경제적, 정서적 도움으로 적어도 15명이 넘는 대가족이 삶을 꾸려나간다.

이곳의 생활은 가혹하다. 여자들은 새벽 4시에 일어나 우물에서 물을 긷고 전통 음식인 '차파티chappati'와 '파라타paratha'를 만들기 위해 밀을 빻는다. 그리고는 집을 청소하고 설거지를 하고 밭에 일을 하러 나간다. 조드푸르 출신이었던 우리의 가이드는 "인도 여자들은 굉장히 강해요!"라며 감탄 섞인 목소리로 말했다. 고속도로와 도시에서 분홍색이나 노란색 사리sari를 두른 여인들이 아이들을 먼지투성이 흙더미에 남겨둔 채 남자들처럼 삽을 들고 무거운 짐들을 나르며 공사하고 있는 길을 드물지 않게 볼 수 있다.

1/2
자이푸르의 도심부에는 분홍빛 황토색이 넘쳐나는 반면, 도시 외곽의 주거지와 몇몇 궁전들에는 노란빛 황토색이 몇 가지 색상과 혼합되어 있다. 이러한 색조들은 시간이 흐름에 따라 점점 미묘하고도 섬세하게 고색창연한 빛을 드러낸다.

3
'핑크시티'의 주요 도로들에 압도적으로 나타나는 색은 한 세기 전에 주민들에게 강요되었던 황토색인데, 진한 적갈색부터 밝은 분홍빛까지 다양한 색조를 띤다. 인근 거리의 주민들은 상상력의 고삐를 풀어 다양한 색상과 채도의 초록색, 노란색, 파란색을 집 외벽에 사용했다. 한색과 난색이 대비를 이루도록 강조한 목조 부분은 이러한 색채범위에 생명력을 불어넣는다 (1996년 1월에 제작된 표).

2

3

4

5

4/5
현장에서 분석한 외벽을 단순화시킨 이 표들은 자이푸르의 좁은 골목길을 따라 발견되는 것과 똑같은 순서로 배열되어 있다.

1

2

3

1/2/3
분홍빛 황토색이 지배적인 이 도시의 경관은 목조 부분에 사용된 상아색, 옥색, 갈색 같은 보조색과 강조색 범위와 외벽의 몰딩을 따라 칠해진 흰색 선을 통해 활기를 띤다. 여기에 긴 그림자가 일시적인 색채를 더하면서 건물의 리드미컬한 언어를 강조해준다.

도시와 시골에 사는 대부분의 가족들이 집을 소유하고 있다. 아주 검소한 집에는 한두 개의 방이 있고, 좀 더 세련된 집들에는 네다섯 개의 방이 안뜰을 둘러싸고 있으며 안뜰 한쪽은 부엌으로 사용되기도 한다. 시골에 있는 집들의 경우, 대체로 초가지붕 아래 흙과 지푸라기, 소똥을 섞어 벽을 세우는데 보다 튼튼하게 만들기 위해 돌조각을 더할 때도 있다. 견고하게 지어진 집들은 성공을 상징하며 주인의 높은 사회적, 경제적 지위를 증명해주지만, 이러한 집들의 방도 검소한 다른 집들처럼 꾸며진다.

라자스탄 사람들은 모두 예술가이다. 그들의 색채감각과 미의식은 물론 장식예술까지 삶의 모든 부분에 스며들어 있다. 예를 들면 옷과 장신구, 실용 도기, 다양한 공예품, 집의 실내와 외부 디자인, 그리고 소뿔이나 코끼리 같은 운송수단에 그려진 양식화된 패턴들…. 락슈미Lakshmi 여신의 보호를 받는 집이야말로 인도의 거의 모든 사회적, 의식적 모임의 중심에 놓여 있다. 해마다 결혼과 세례를 위한 디파발리Dipavali 축제 기간에는 여자들이 집을 새로 칠하고 패턴으로 장식하는데, 이 패턴은 지역에 따라 굉장히 다양하다. 시바Siva와 파르바티Parvati의 아들이며 코끼리 얼굴을 한 신, 가네샤Ganesh는 신혼부부에게 행운과 부를 가져다준다고 여겨지기 때문에 결혼식이 열리는 모든 집들에 그려진다. 벽과 담에도 야자나무, 호랑이, 코끼리, 신화의 장면들이 그려진다.

라자스탄에서 여자들이 입는 전통 복장은 굉장히 다채로운데, 허리에 두르는 큰 치마 '가가라ghaghara', 화려하게 수놓은 블라우스 혹은 볼레로 조끼 '쿠르티 칸클리kurti-kanchli', 얼굴뿐만 아니라 어깨와 머리까지 가려주는 베일 '오다니odhani'로 구성되어 있다. 걸을 때마다 우아하게 흔들리는 이 가벼운 복장에는 빨강과 분홍, 노랑, 파랑, 초록 같은 선명한 색조들이 대담하게 혼합되어 있다. 이렇게 여러 가지 색조들은 계급과 지역에 따라 다양해지는 색채들의 무한한 배합 속에서 화려하게 울려퍼진다. 사막에서는 여자들이 특별한 의미를 지닌 색과 패턴으로 홀치기 염색한 베일을 두른다. 그리고 자식이 태어나면 붉은색 패턴이 있는 노란 옷 '필리야peeliya'를 입는다. 남자들은 훨씬 절제된 복장을 갖춰 입는데, 일부 사람들이 유럽식 바지를 받아들이긴 했지만 대부분은 여전히 '도티dhoti' 즉 천으로 다리 전체를 감싸고 허리 뒷부분에서 동여맨 복장을 길이가 긴 흰 셔츠와 함께 즐겨 입는다. 유일하게 색을 내뿜는 것은 선명한 색상의 터번뿐이다.

4

5

6

4/5/6
자이푸르와 그 주변 지역의 건축물은 노란 황토색부터 붉은 빛이 도는 황토색까지 다양한 채도와 명도를 지닌 넓은 범위의 황토빛 색조를 보여준다. 이 색조들을 만들어내는 기본 염료인 산화철은 건물들이 시각적 일관성을 지닌 하나의 풍경으로 보이게끔 한다.

1

2

3

4

1/2/3/4

구시가지의 좁은 골목길들에는 보행자 구역이 선으로 나누어져 있는데, 거기에 다른 종류의 색이 나타난다. 다듬지 않거나 노란색으로 칠한 사암의 주조색의 범위, 문과 창문, 창틀과 건물 토대, 그리고 사진에서 보는 것처럼 생기 넘치는 사리 등이 만들어내는 보조색과 강조색의 범위가 그것이다.

그 지역에서 나는 흙이나 모래로 만들어진 집들은 주변의 자연환경에 완전히 녹아든다고 해도 좋을 만큼 완벽하게 조화를 이룬다. 이렇게 순수한 색은 집이 벽돌이나 붉은색, 노란색, 분홍색 석회암으로 지어지는 도시에서 더욱 눈에 띈다. 외벽은 원래의 재료 느낌을 그대로 살리거나 아니면 페인트나 회반죽으로 덮는데, 예를 들면 자이푸르에서는 분홍빛 황토색, 조드푸르에서는 파란색으로 칠한다.

자이푸르: 핑크 시티
JAIPUR: THE PINK CITY

자이푸르라는 이름은 그 도시를 건설한 사와이자이싱 2세Sawai Jai Singh II의 이름에서 딴 것이다. 뛰어난 군 지도자이자 존경받는 정치가, 예술과 천문학에 해박한 지식인이었던 그는 그 당시 가장 비범한 인물 중 하나였다. 1727년 11월, 그는 협소한 암베르 포트Amber Fort를 떠나 말라붙은 호숫가의 드넓은 평원에 자신의 이름을 붙일 가치가 있는 도시를 세우기로 결심했다(Jai는 승리를 의미한다). 이를 통해 자이싱이 뛰어난 통찰력을 지닌 도시 설계자라는 것이 증명되었다. 그는 넓은 길들이 수직으로 만나면서 거주 구역을 형성하는 격자 구조 위에 최고의 라지푸트족 도시를 세우고자 했다. 그의 소망은 이 도시가 라지푸트의 주도가 되는 것이었고, 이 꿈은 실현되었다. 인도의 독립 이후 200만 명의 인구(인근 지역에 사는 주민들도 포함된 숫자)를 가진 자이푸르가 라자스탄주의 행정적, 경제적 수도가 된 것이다.

5

5
라자스탄의 서쪽 끝에 위치한 타르 사막 한가운데에 노란색 사암으로 지어져 '골든시티golden city'라고 불리는 자이살메르가 있다. 파트완 키 하벨리Patwon Ki Haveli에서, 더없이 아름답고 섬세한 조각 장식품들과 19세기의 부유한 상인들이 세운 옛 저택들의 건축적 우아함을 볼 수 있을 것이다.

자이푸르는 많은 교통량으로 인해 굉장히 활기찬 도시이다. 그곳에는 트럭, 고급 자가용, 택시, 스쿠터, 자전거, 인력거, 페달이 달린 수레, 소나 낙타가 끄는 수레를 비롯한 모든 종류의 운송수단들이 뒤엉켜 있다. 인도나 길 중앙에서 피난처를 찾는 신성한 동물 무리의 평화로운 시선 아래, 이 모든 것들이 귀청이 터질 듯한 경적 소리 속으로 떼 지어 몰려든다. 게다가 소, 황소, 낙타, 개, 심지어 돼지까지 사람들의 다리 사이로 걸어다니고, 원숭이들은 초록색 앵무새들이 앉아 있는 집 위를 기어오른다. 바닥에 놓인 바구니에서는 피리 소리에 홀린 커다란 코브라가 갑자기 튀어나오기도 한다. 이처럼 모든 동물들이 함께하는 자이푸르는 진정한 노아의 방주이며, 이것이야말로 시끌벅적한 이 도시가 지닌 가장 매력적인 측면이다.

다양한 색깔의 향신료, 매혹적인 천, 테라코타나 백주철로 만든 요리도구, 신화 속 영웅을 담은 이미지 등 진기한 물건을 높이 쌓아놓은 셀 수 없이 많은 상점들은 이 도시가 가진 또 다른 매력일 것이다.

'핑크시티'라는 이름은 원래 일련의 궁전과 사원, 정원이 모여 있는 왕궁 시티팰리스City Palace처럼, 자이싱이 붉은색 사암으로 지은 공공건물의 색에서 비롯된 이름이다. 1799년에 지어진 하와마할Hawa Mahal, 즉 바람의 궁전은 벌집 모양의 외관을 지닌 놀랄 만큼 아름다운 5층짜리 건물이다. 거대한 규모에도 불구하고 가볍게 느껴지는 조각은 궁중의 여인들이 발코니의 복잡한 무샤라비아 창틀 뒤에 숨어서, 사람들의 눈에 띄는 일 없이 공적인 모임에 참석할 수 있도록 디자인된 것이었다. 도시 전체에 분홍색이 입혀진 것은 그 다음 세기의 일인데, 1876년 왕세자 에드워드의 방문을 환영한다는 의미를 담고 있었다. 국가 지도자들은 라자스탄의 주도에 예외적인 건축적, 색채적 통일성을 가져다주는 분홍빛 황토색 외벽과 도시를 둘러싼 성벽의 유지보존에 계속해서 관심을 기울이고 있다.

1

1/2/3/4
코끼리 얼굴을 가진 가네샤 신은 젊은 부부들에게 행운과 부를 가져다준다. 따라서 결혼식이 열리는 집 외부에는 이 신이 그려진다. 더불어 여자들은 집과 가정의 수호신 락슈미를 기리기 위해, 입구 주위에 어머니에게 전승받은 성스러운 패턴을 그려 넣는다.

2

3

4

자이살메르 JAISALMER

자이살메르는 '죽음의 땅'이라 불리는 타르 사막에 위치해 있어, 파키스탄 국경에서 그리 멀지 않다. 관목과 몇 그루의 나무들만이 드문드문 자라고 있는 이 자갈투성이 땅은 '다르나dharna'라고 불리는 광활한 모래 평야로 바뀐다. 식물이 살지 않는 다르나의 지형은 바람에 따라 변화한다. 식물을 재배하는 일은 극히 드물지만 비가 많은 계절에는 잡곡과 렌즈콩, 참깨가 자라날 수 있으며 계곡 여기저기에서 평지씨와 보리, 밀이 자란다.

자이살메르 지역은 히말라야에서 타르 사막까지 물을 끌어다주는 인디라 간디 운하 건설을 통해 지난 몇 년 간 크게 변화하였다. 주요 부분은 1987년 1월 1일에 완공되었는데, 이는 척박한 스텝 지역에 물을 끌어들이고자 했던 네루Nehru 수상의 꿈이 실현된 것이었다. 양과 염소, 낙타를 기르는 것 역시 이 지역 부족들이 부유해지는 데 도움이 된다. 자이살메르의 낙타는 탄력 있고 규칙적인 걸음걸이로 유명해서 사막에 사는 사람들이 굉장히 탐내곤 한다. 1156년 라지푸트족의 라왈자이살Rawal Jaisal은 나이 지긋한 은자의 조언에 따라 자이살메르 성채를 건설했다. 트리쿠타Tricuta 언덕 위에 노란색 사암으로 지은 이 도시는 주변을 둘러싼 모래 사막과 놀라울 정도로 동일한 색채를 띤다. 자이살메르는 고립되어 있었음에도 불구하고, 델리Delhi로 향하는 향신료 길을 따라 이동하는 대상들에게 부과한 높은 세금 덕분에 나날이 부유해져갔다. 18세기와 19세기의 부유한 상인들은 호화스러운 하벨리haveli를 지었는데, 노란색 사암으로 만든 이러한 대저택들의 외관은 마치 레이스처럼 섬세하고 복잡하다. 돌을 정교하게 조각한 칸막이는 공기가 통과할 수 있게 해주고, 여자들이 다른 사람 눈에 띄지 않고 바깥을 볼 수 있게 해주었다. 조각가의 천부적 재능은 감탄을 불러일으키는 수많은 꽃무늬와 기하학적 패턴들을 통해 빛을 발한다.

1

2

1
사암과 함께 황토색과 금빛 노란색의 회반죽이 주조색의 범위를 이루는 반면, 보조색과 강조색의 범위는 주로 초록, 파랑, 청록과 같은 색조로 나타난다. 1996년에 제작한 이 표는 인도 사람들 특유의 조화롭고도 자연스러운 색채 감각을 보여준다.

영국이 봄베이Bombay와 캘커타Calcutta의 항구를 개항해서 교역로가 사라지게 되자, 자이살메르는 점점 외부 세계와 단절되기 시작했고 주민들은 부를 찾아 다른 곳으로 떠나갔다. 오늘날 이 도시는 현대적인 교통수단과 관광산업의 발전으로 다시 활기를 찾아가고 있다. 자이살메르는 노란색 사암으로 이루어진 통일된 색채, 하벨리는 물론 성채 안에 있는 단순한 형태의 집들에서도 나타나는 건축적 특징, 그리고 역사가 담긴 벽에서 뿜어져 나오는 마법과도 같은 분위기로 인해 매우 이례적이고 특별한 도시가 되었다.

3

2/3
소박한 가옥들에 칠해진 황토색 흙은 타르 사막의 노란빛 모래를 연상시킨다.

매년 새롭게 덧칠해서 울퉁불퉁해진 표면의 구조는, 선택적으로 선명한 흰색 석회를 칠한 부분들을 통해 더욱 두드러진다.

조드푸르 JODHPUR

타르 사막의 동쪽 끝에 위치한 조드푸르는 그 중요성과 인구로 따져볼 때 라자스탄에서 둘째 가는 주요 도시이다. 처음에는 조드가르 Jodhagarh 혹은 '조다Jodha의 땅'이라 불렸던 이 도시는 1459년, 태양의 자손이라고 여겨지던 라지푸트족 출신의 라오 조다Rao Jodha에 의해 건설되었다. 그 당시에 라오 조다는 8km 떨어진 마도레Madore의 통치자였으나, 현자의 조언을 마음에 새겨 그가 다스리는 왕국 전체를 내려다볼 수 있는 높고 안전한 사암 언덕 위에 수도를 세웠다. 실제로 10km나 되는 방벽에 둘러싸인 메헤랑가르Mehrangarh 성채의 꼭대기에서 바라보는 푸른 도시의 광경은 매우 특별하다. 사실 옛 건물들은 자르거나 모양을 내기 쉬운 분홍색 사암이나 훨씬 부드러운 붉은색 사암처럼 그 지역에서 나는 재료로 지어졌으나 대부분은 진한 청색으로 칠해졌다. 우리를 안내했던 인도 사람의 말에 따르면, 집을 푸른색으로 칠하는 조드푸르의 관습은 16세기로 거슬러 올라간다. 마하라자가 높은 성채에서 브라만들의 집을 쉽게 구별하기 위해 푸른색으로 칠하게 하던 것이 전통이 된 것이다. 오늘날에는 파랗게 칠한 집들이 꽤 많아져, 브라만의 집이 항상 푸른색이긴 하지만 푸른색 집이라 해서 꼭 브라만이 사는 것은 아니다.

2

1

1
회반죽을 두껍게 덮은 사암 건축물은 타는 듯한 아침 햇살 속에서 부조와 같은 인상적인 효과를 얻게 된다.

이 얇은 부조의 놀라운 질감 효과는 조드푸르 구시가지의 특징인 강렬한 푸른색에 생명력을 불어넣는다.

3

2
메헤랑가르 성에서 도시를 내려다보면, 푸른색 건물로 이루어진 주택 단지들이 저 멀리까지 펼쳐져 있다. 다양하고도 강렬한 푸른색의 지배적인 색조와 더불어, 새로 지어진 집의 붉은색 사암과 베이지색 회반죽이 도시에 점점이 찍혀 있다.

3
16세기에 지어진 옛 브라만 구역은 매년 열리는 디발리Divali 축제에 맞춰 강렬한 코발트블루 색으로 새롭게 칠해진다. 조각 장식된 코르벨corbel: 벽에 돌출되어 있는 받침대, 발코니, 테라스, 난간과 같은 건축적 세부는 각각의 집마다 독특한 특징을 부여한다.

1

이곳에서 푸른색이 사랑받는 이유에 대해서는 몇 가지 설명이 있는데, 그중 하나는 조드푸르가 햇빛이 굉장히 강한 도시이고 푸른색이 흰색보다 태양을 덜 반사한다는 것이다. 또한 이 색은 모기를 막아주기도 하며, 마지막으로는 주민들이 단순히 이 색을 좋아하기 때문이다.

파랑이 사랑의 신 크리슈나Krishna의 색이라는 것도 짚고 넘어갈 만하다. 입구 근처의 외벽에서 손으로 그린 꽃과 야자나무, 동물, 힌두 신화에 등장하는 영웅들의 모습을 쉽게 발견할 수 있다. 신성시 여겨지는 소들은 고요하고 좁은 골목길을 평화롭게 돌아다닌다.

최근에 지어진 집들을 보면 이제 사람들이 분홍색 사암을 더 선호한다는 것을 알 수 있다. 가이드의 말에 따르면 분홍색이 더 새롭고 깨끗해 보이기 때문이다. 조드푸르 사람들이 푸른색만큼이나 좋아하는 분홍빛 황토색은 석조 건물과 울타리에서 쉽게 찾아볼 수 있다.

1/2/3/4/5
오래된 도시 조드푸르는 조각으로 장식된 복잡한 건축의 정교함과 우수함에 있어 놀랄 만하다.

초록색 목조 부분은 주조색의 범위에서 지배적인 푸른색과 강렬하게 대비되며, 여전히 전체적으로 차가운 색조를 유지한다.

2

3

4

5

1

2

3

1/3
조드푸르 구시가지의 특징적인 색채를 지닌 집들을 먼저 멀리서 찍은 다음 가까이에서 찍어보았다. 이 사진들은 앞서 현장의 색채 분석에 관해 다룬 챕터에서 발전시킨 거시적인 관점과 미시적인 관점의 개념을 잘 보여준다.

2
여기 있는 25채의 집들은 조드푸르 구시가지의 색을 요약해준다. 푸른색이 지배적인 가운데, 약간의 황토색과 붉은 사암의 색조가 예외적으로 등장한다. 보조색과 강조색의 범위는 밝은 연두색부터 어두운 청록색까지 거의 모든 범위를 아우르는 초록색조로 이루어져 있다(1996년에 제작한 표).

4
분홍, 노랑, 파랑은 각각 자이푸르, 자이살메르, 조드푸르를 상징하는 색들이다. 노란색 사암으로 지어진 자이살메르는 완전한 금빛 외관을 가진 반면, 자이푸르에는 도시 중심부와 주요도로를 따라 분홍색이 펼쳐진다. 조드푸르는 주로 브라만들의 거주 구역에 한정되어 푸른색을 띤다.

4

타르 사막 THE THAR DESERT

파키스탄 국경 가까이에 펼쳐진 이 사막 지역에서는, 매년 락슈미 여신의 축제 디파발리를 위해 낙타를 모는 목동들의 부인이 대담한 기하학적 패턴으로 낮은 흙집을 장식한다. 집의 수호신을 기리기 위한 이러한 행위는, 색과 재료로 인해 주변의 사막에 녹아드는 소박한 집들을 일시적이지만 매력적인 모습으로 만들어준다.

1

1/2/3/4
타르 사막에 무작위로 흩어져 있는 마을들은 흙벽과 초가지붕으로 인해 주위 풍경의 금빛 모래 속으로 녹아드는 듯하다. 여기에서는 색 역시 재료가 된다. 미시적인 관점을 통해 우리는 벽의 붕괴와 도마뱀을 막기 위해 흙과 소똥을 섞어 덮은 벽에서 질감과 미묘한 부조의 효과를 느낄 수 있다.
쿠리

2

3

4

1

2

3

4

5

6

1/2/3/4/5/6
매년 디파발리 축제 기간이 되면 낙타를 모는 목동들의 부인은 행운과 부의 여신 락슈미를 기리기 위해 기하학적 패턴으로 집을 장식한다. 이러한 전통적인 디자인은 어머니가 딸에게 전해주는 것으로, 단순하고 추상적인 패턴부터 좀 더 이야기가 담겨 있는 표현 방식까지 매우 다양하다.
쿠리

일본 JAPAN

무로츠 MUROTSU

무로츠는 고베Kobe 동쪽에 위치한 일본 내해에 있는 작은 항구이다. 이 도시는 해상무역 항로를 따라 오래전에 생겨난 여러 도시들 중 하나로, 17세기에는 엄청난 부를 누렸고 지금도 부유한 상인들이 소유하고 있었던 여러 채의 집을 통해 당시의 번영을 확인할 수 있다. 그때 당시 무로츠에는 대략 800여 채의 집이 있었는데, 이는 산지 풍경 속에 너무나 자연스럽게 자리 잡은 이 항구 도시의 중요성을 반영한다. 황궁 도시 교토Kyoto에 있던 가모신사Kamo Jinja를 확장하여 신사를 건설하는 영예를 누렸던 12세기 이후로 줄곧 중요시 여겨졌던 이 옛 도시는, 19세기에 이르러 고속도로와 철도운송이 발전하자 점차 쇠락해갔다.

1

2

1/2
무로츠는 일본 내해에 위치한 역사적인 도시 히메지Himeji 근처에 있는 어항 도시이다. 이곳의 동질성과 진정성을 높이 평가한 요시다Shingo Yoshida 교수는 우리가 이 도시를 선택하도록 이끌어주었다. 이곳의 일본 전통 가옥에서 주목할 만한 점은 그 특징이 전체적인 도시 풍경 속에서는 물론 아주 작은 세부에서도 뚜렷하게 드러난다는 것이다.

'무로츠'라는 지명은 '침실'과 '피난처'라는 단어에서 유래한 것으로, 산으로 둘러싸여 자연적으로 보호받는 이 고립된 지역이 여행자들에게 얼마나 안전한지 잘 보여준다.

항구와 역사 지구로 구성된 무로츠는 현재 미츠초Mitsucho라는 도시에 합병되어 있으며, 기본적으로는 1500여 명의 주민들이 모여 사는 하나의 중심 거리로 이루어져 있다.

비슷한 생김새로 옹기종기 모여 있는 에도시대의 집들은 일본 전통 가옥의 전형이나 마찬가지이다. 인근 거리에는 몇 안 되는 신식 건물들이 들어서 있는데, 비례나 크기에서 옛 건물들과 서로 조화를 이룬다.

1

1
산으로 둘러싸인 자연적인 만에 아늑하게 자리 잡은 무로츠의 집들을 위에서 바라보면, 광택이 나는 기와지붕 같은 일본 특유의 건축 언어를 발견할 수 있다. 1995년에 조사한 주조색의 범위는 지붕에 사용된 상대적으로 어두운 회색을 제시해준다.

2

3

2/3

이 사진들은 무로츠 항구가 가진 독특한 분위기를 담고 있다. 고색창연함을 풍기는 목재, 은색 얼룩이 있는 회색빛 기와지붕, 밝은 색 벽토가 만들어내는 절제된 색채범위야말로 평범한 일본식 가옥에 매력을 부여하는 것들이다. 푸른색이나 적갈색 지붕을 비롯해 항구 곳곳에서 나타나는 우연적인 색채들이 공간 여기저기를 강조해준다. 고기잡이배들도 부두를 따라 늘어선 집들만큼이나 수수하다.

1

2

일본 전통 건축물의 주된 재료는 식물이다. 기와나 벽토에 흙이 사용되긴 하지만 가장 먼저, 그리고 가장 많이 사용되는 재료는 나무이다. 나무가 풍부하고 작업하기 편리할 뿐더러 일본의 기후에도 매우 적합하기 때문인데, 메이지시대까지만 해도 나무가 유일한 건축 재료였을 정도이다. 주로 쓰이는 나무 종류에는 삼나무, 소나무, 노송나무, 전나무 등이 있다. 또한 전통 건축물에서는 미서기 창문을 덮기 위해 뽕나무 종이 또는 쇼지Shoji를 사용하며, 나무 골조를 짜는 데는 대나무를 사용한다. 이 모든 것들이 모여 주변을 둘러싼 시골 풍경과 집을 하나 되게 만들어준다. 게다가 시간이 흐르면서 낡아가는 재료들은 덧없음에 대한 일본인들의 취향, 그리고 모든 존재와 사물의 유한성에 대한 믿음과 완벽하게 조화를 이룬다.

나무를 사용하는 것에는 어떠한 제약이 존재하는데, 특히 별로 크지 않은 적당한 규모를 필요로 한다. 기본 골격은 수직과 수평 부분이 서로 연결되어 지붕을 받치는 단순한 구조이다. 이 구조를 돌 위에 세우긴 하지만 서양 건축에서 볼 수 있는 토대와 같은 것은 없다. 전반적으로 돌은 극히 드물게 사용되며, 건물의 크기는 전통 가옥을 구성하는 기본 요소인 '다다미tatami' 방에 의해 결정된다.

3

1/2/3
대로를 따라 위치한 오래된 가옥들은 메이지시대에 지어진 전통 건축물에서 볼 수 있는 특징적인 요소들, 예를 들면 규모와 비례, 목재, 외벽에 주로 사용된 재료, 회색 기와지붕, 수수한 색조로 이루어진 주조색의 범위를 요약해서 보여준다. 현재 무로츠에는 건축 재료와 색을 관리하는 지방자치 규정이 존재하며, 몇몇 집들은 이 도시의 역사적, 문화적 유산의 일부이다.

1

1
무로츠의 수많은 절 중 하나인 자쿠조지 Jakujho-Ji 옆에는 절을 관리하는 스님이 사는 가옥이 나란히 있다. 최근에 보수된 이 가옥은 아직 어두워지거나 바래지 않은 원래의 색을 보여준다. 뼈대가 되는 기둥들 사이에는 나무 판자를 대지 않고 흰색 벽토를 매끄럽고 정교하게 발라놓았다. 화강암 판석을 나란히 깔아 만든 보도가 있는 안뜰의 색조는 목조 건축이 풍기는 전체적인 느낌과 대조를 이룬다.

2

2
도쿠조지Tokujho-Ji 옆의 공동묘지 저편으로 보이는 풍경이다. 흙을 구워 만든 기와지붕의 어두운 색과 식물이 내는 강렬한 초록색이 이곳 풍경의 주조색을 구성한다.

1

'집의 뿌리'라는 의미를 가진 지붕은 높고 거대하며, 시각적으로 굉장히 중요한 역할을 한다. 지붕은 지역이나 집 주인에 따라 다양한 형태를 취할 수 있으며 갈대, 볏짚, 밀짚은 물론 널빤지나 기와로 덮을 수도 있다. 로마의 기와와 비슷하며 17세기에 사용되었던 '홍가와라hongawara', 정갈하게 짜인 '상가와라sangawara', 물결 모양을 하고 있어 플랑드르 지역의 지붕 몰딩을 연상시키는 '가와라kawara' 등 기와들은 저마다 차이점을 지니고 있다. 기와의 회색 빛깔은 가마에서 굽는 마지막 단계 동안 흙에 생기는 탄소 성분으로 인한 것이다.

벽은 나무 기둥에 부착되어 있는 대나무 격자에 흙과 지푸라기로 만든 포장도료를 여러 번 칠해 만든다. 전통 가옥의 측벽은 판자, 즉 시타미타shitamiita를 겹겹이 쌓아 완성한다. 천연 목재로 만든 벽은 시간이 지날수록 검은색을 띠게 되며, 포장도료를 바를 경우 흰색이나 어두운 회색으로 칠하기도 한다. 이러한 유형의 건축 설계는 주변 환경과 엄격하게 일치되는 조화와 균형, 인상적인 절제미를 보여준다.

2

3

1/2/3
삼나무, 소나무, 노송나무, 전나무는 건축에 가장 빈번하게 사용되는 목재들이다. 창호지를 보호하는 나무 격자창 쿠시kushi의 따뜻한 갈색은 하얀 쇼지와 대비되어 독특한 느낌을 준다. 작은 구획으로 나뉜 외벽은 다다미가 일종의 측정 단위 역할을 하는 기본 요소라는 사실을 상기시킨다. 오른쪽 사진에서 대나무 발은 건축에 사용된 식물 재료의 색채범위를 완성시켜 준다.

1

1
이 도시는 산지 지형에 자리 잡아 푸르른 초목 사이로 기와지붕이 내려다보이는 경치를 만들어낸다.

점토를 구워 만든 기와를 덮은 지붕들은 벽토와 나무 덮개의 색채와 어우러져 전체적으로 절제되고 동질적인 색채 효과를 형성한다.

2

2

무로츠의 복잡한 풍경에 다가가는 또 다른 방법은, 지진에 대비하여 전화선과 전기선들이 노출된 채 마구 뒤얽혀 있는 좁은 골목길을 들여다보는 것이다. 수수한 색채와 다양한 풍경 요소들의 뚜렷한 리듬은 일본 소도시의 전형이라 할 만한 그림 같은 구성을 만들어낸다.

1

2

3

4

1/2/3/4/5

현장의 세부적인 색채를 분석하다보면 바닥, 벽, 지붕, 건축 요소와 같은 영구적인 색채들이 일시적이고 우연적인 요소들에 의해 얼마나 풍요로워질 수 있는지 깨닫게 된다.

가와라가 덮인 지붕과 비바람을 겪어 고색창연함을 얻은 벽을 가진 무로츠의 오래된 집들은 전통 가옥의 특징들을 엄밀히 따르고 있다. 가장 눈에 띄는 특징은 이곳이 평탄하지 않은 산지이기 때문에 비롯된 것으로, 이러한 지형에 적합하게 건물 대부분이 단층으로 이루어져 있다. 거리를 따라 나란히 이어지는 건물 외벽들은 이 도시의 경관에 어떤 것도 방해할 수 없는 통일성을 부여한다. 때로 나무벽의 표면을 불로 그을리기도 하는데 곤충과 벌레를 막으려는 이유에서이다. 어떤 집들에는 종이창과 밀폐 유리창이 나란히 달려 있는 경우도 있다.

6

5

6
무로츠에 있는 가옥 25채의 색을 바탕으로 만든 종합표는 이 작은 도시에서 발견할 수 있는 주된 건축 양식을 세 가지로 요약하고 있다. 먼저 오래된 가옥에는 지붕의 회색과 낡은 나무의 차분한 색조가 지배적이다. 좀 더 최근에 지어진 건물들도 여전히 재료나 색에 있어 전통 가옥의 영향을 받고 있다. 마지막으로 반 산업적으로 건설된 건물들의 경우에는 지붕 재료와 포장도료, 목조 부분에 새로운 색이 더해진다.

1

1
무로츠뿐 아니라 인근 지역에서도, 건물 뼈대를 보호하는 나무 판자와 벽토의 표면을 숯처럼 태우는 야키이타yaki-ita 같은 방법으로 곤충을 막는다. 이를 통해 건물은 다양한 성질의 검은색을 얻게 되며 나뭇결과 옹이의 구조는 마치 그림 같은 특성을 드러낸다.

2
플랑드르의 도리들보purlin를 연상시키는 물결치는 듯한 모양의 가와라는 오늘날 대부분의 집에 사용된다. 권장 색표에 추천되어 있듯이 무로츠에서는 회색이 지배적인 색이다.

2

요즈음 곳곳에서 유약을 입힌 기와지붕들이 나타나기 시작했다. 지붕의 색채는 전통 가옥의 회색을 벗어나 적갈색, 푸른색, 초록색, 노란색 산화물로 바뀌고 있다. 다채로운 색상의 유약 기와는 지난 30년 간 일본에 수많은 단독주택 부지가 생기면서 눈에 띄게 늘어났다. 그리고 색색의 지붕들은 기차나 비행기를 타고 시골을 지나가던 외국인들의 시선을 사로잡았다.

1995년, 컬러리스트 요시다와 도쿄의 컬러 플래닝 센터는 무로츠의 도시 경관을 전반적인 색채 디자인의 대상으로 삼았다. 지붕에는 중간 단계의 회색에서 검은색에 이르는 범위의 색채가 추천되었고, 외벽에 목재가 쓰이지 않았을 경우에는 흰색이나 밝은 모래빛 색조가 칠해졌다.

보조색과 강조색의 범위는 시각적으로 꽤 중요하다. 겉으로 드러난 나무 기둥과 입구 주위의 목조 세공 부분은 외벽에 규칙적이며 리듬이 느껴지는 흐름을 만들어낸다. 세부 건축 요소들은 전통적으로 나무로 만들어졌으나 요즘에는 나무 색조와 비슷하게 산화피막처리하거나 유약을 입힌 알루미늄으로 대체되고 있다.

1

1

1997년 무로츠에서 조사한 54개 지붕의 색채 스펙트럼은 주조색의 범위에 개성을 불어넣는 색채 분위기를 단순화시켜 재구성한 것이다. 주로 회색이 지배적인 가운데 여기저기 활기를 주는 푸른색과 갈색이 섞여 강조되고 있다.

2

3

4

5

2/3/4/5
4개의 지붕은 일본 전역에 널리 퍼져 있는 전통 가옥의 재료, 리듬, 형태, 색이 지닌 아름다움을 보여준다. 은빛 광택이 나는 회색 지붕은 도쿠조지 사찰의 것이다. 이처럼 로마 기와를 연상케 하는 둥근 형태의 홍가와라는 17세기에 굉장히 유행했으며 주로 사찰 지붕에 사용되었다.

1

2

1
수채화로 그린 이 삽화는 오늘날 무로츠에서 볼 수 있는 세 가지 유형의 가옥을 보여준다. 제일 위쪽은 19세기까지 거슬러 올라가는 일렬로 이어지는 가옥으로, 국가 유산으로 보호받고 있다. 가운데 줄은 좀 더 최근에 지어진 집들인데 몰딩과 외벽에서 전통에 대한 존중을 엿볼 수 있다. 아래에 있는 현대식 가옥에는 산업적인 건축 기술과 전통적인 표현 방식이 혼합되어 있다.

2
무로츠에서 몇 마일 떨어진 지붕 상점에서 모은 기와 조각들이다. 낡은 기와 조각들은 구운 점토가 내는 단조로운 회색을 특징적으로 보여준다. 새 타일들에는 대체로 유약이 입혀져 있다. 무로츠에서 장려되는 색이 회색이긴 하지만 그 밖에도 파랑, 초록, 노랑, 황토색 등 다양한 색조를 찾아볼 수 있으며, 이 모든 색이 지난 20년 간 개인 주택들에 널리 사용되어 왔다.

참고문헌

책

Joseph Albers
Interaction of Color
New Haven, London, 1963

Antoñio Barbosa
Olinda 450 Anos Spala Editora
Rio de Janeiro, 1985

Damian Bayon and Murillio Marx
L'art Colonial Sud-Américain
Aurore Editiones d'Art, Paris, 1990

Jeffrey Becom and Sally Jean Aberg
Maya Color: The Painted Villages of Mesoamerica
Abbeville Press, New York, 1997

José-Marie Bel
Architecture et peuple du Yémen
Conseil International de la Langue Française, 1988

Fredy Bemont
Les villes de l'Iran: des cités d'autrefois à l'urbanisme contemporain
Paris, 1969-1973

Régis Bertrand and Danielle Magne
The Textiles of Guatemala
Studio Editions, London, 1991

Pal Bonnenfant
Les Maison-tours de Sana'a
CNRS, Paris, 1989

Clara Cardia
Ils ont construit New York: histoire de la mètropole au XIXe siècle
Georg Editeur SA, Geneva, 1987

Paul Changion
The African Mural
Struik Publishers, Cape Town, 1989

Margaret Courtney-Clark
Ndebele: The Art of an African Tribe
Rizzoli International Publications, New York, 1986

Jean Dethier
Architectures de terre, ou l'avenir d'une tradition millénaire
Editions du Centre Pompidou, Paris, 1986

Henriette and Jean-Marc Didillon, Catherine and Pierre Donnadieu
Habiter le desert: les maisons Mozabites
Coll. Architecture et Recherches, Editions Pierre Mardaga, Brussels, 1977

Francis Dore
La Vie Indienne
Presses Universitaires de France, Paris, second edition, 1984

Didier Drummond
Architectes des favelas: les pratiques de l'espace
Bordas, Paris, 1981

Joanne Dunn
San Francisco: terre de tous les rêves
Editions Soline, Paris, 1991

Dominique Gauzin-Müller
Le Bois dans la construction
Editions du Moniteur, Paris, 1990

Paul Goldberger
The City Observed: New York, a Guide to the Architecture of Manhattan
Vintage Books, New York, 1979

Lucien Golvin and Marie-Christine Fromont
Thula: architecture et urbanisme
Editions Recherche sur les Civilisations, 1984

W.D. Hammond-Tooke
The Bantu-Speaking Peoples of Southern Africa
Routledge and Kegan Paul, London, 1974

Suzanne and Max Hirschi
L'Architecture au Yémen du Nord
Berger-Levrault, 1983

Ada Louise Huxtable
Classic New York
Anchor Books, United States, 1964

Teiji Itoh
Maisons anciennes au Japon
Office du Livere, Fribourg, 1983

D. Jacques-Meunié
Architectures et habitats du Dadès
Librairie C Klincksieck, Paris, 1962

Michael Jenner
Yemen Rediscoverd
Editions Longman, London(published in association with the Yemen Tourism Company)

Nishi and Hozumi Kazuo
What is Japanese Architecture?
Kodansha, London, 1996

Basile H. Kerblay
L'Isba d'hier et d'aujourd'hui
L'Age d'Homme, Lausanne, 1973

Michael Larsen and Elizabeth Pomada
Painted Ladies: Those Respllendent Victorians
Dutton, New York, 1978

Jean-Philippe and Dominique Lenclos
Couleurs de la France
Editions du Moniteur, Paris, 1982

Jean-Philippe and Dominique Lenclos
Couleurs de l'Europe
Editions du Moniteur, Pairs, 1995

Jean-Philippe and Dominique Lenclos
Cité florale, itinéraire chromatique, hameaux, villas et cités de Paris
Action Artistique de la Ville de Paris, 1998

Harold Linton
Color Consulting: A Survey of International Color Design
Van Nostrand Reinhold, New York, 1991

Pascal and Maria Maréchaux
Yémen
Editions Phébus, 1994

Anna Mariani
Facades: maisons populaires du Nordeste
Editora Nova Fronteira SA, Rio de Janeiro, 1988

Tomoya Masuda
Architecture Universelle: Japon
Ofiice du Livre, Fribourg, 1969

Rigoberta Menchù
I, Rigoberta Menchù: An Indian Woman in Guatemala
Chapman & Hall, New York, Routledge, 1985

Corinne and Laszlo Mester de Parajd
Regards sur l'habitat traditionnel au Niger
Editions Créer, France, 1988

Robert Montagne
Villages et kasbas Berbères, 1930

Mary H. Nooter
African Art That Conceals and Reveals
The Museum for African Art, New York, 1993

Pezeu-Massabuau
La Maison Japonaise
Publications Orientalistes de France, Paris, 1981

Tom Porter
Colour Outside
The Architectural Press, London, 1982

Ivor Powell
Ndebele: A People and Their Art
Cross River Press, New York, 1995

André Ravéreau
Le M'zab: une leçon d'architecture
Editions Sinbad, Paris, 1987

Manuelle Roche
Le M'zab: architecture Ibadite en Algérie
Editions Arthaud, 1970

Alain Rouaud
Les Yémen et leurs populations
Editions Complexe, Brussels, 1979

Nand Kishore Sharma
Jaisalmer: la vill dorée
Seemant Prakashan, Jaisalmer, India

Kishore Singh and Lewis Karoki
Jodhpur, Bikaner: les royaumes du désert
Lustre Press Pvt. Ltd., New Delhi, India, 1992

Henri Stierlin
Ispahan: image du paradis
Sigma, Geneva, 1976

Henri Terrasse
Kasbas Berbères
1938

Dominique Zahan
L'Homme et la couleur: histoire des moeurs
Encyclopédie de la Pléïade, Gallimard, Paris, 1990

리뷰

Hassan Fathy
AA, l'Architecture d'aujourd'hui, February 1978

Claudie Fayein
"La construction au Yémen"
Bâtir, November 1954

Song Jian Ming
"Le codage des couleurs dans l' architecture chinoise"
Pour la science, January 1993

Stephen P. Huyler
"L'instant sacré"
Le Courrier de l'UNESCO, December 1996

Tom Porter
"Colour in architecture"
Architectural Design, no. 120, London, 1996

"Terres et couleurs" no. 3
Paris, February 1998

연구논문, 세미나

Mohaman Haman
Le Bambou et la capacité locale d' initiative au Cameroun, Séminaire international pour la sauvegarde et la promotion des techniques traditionnelles du bambou dans la vie moderne
Ho Chi Minh City, December 17-19, 1997

Le CRAterre(Centre de Recherche et d' Application)
Construire en terre
Alternative et Parallèles, Paris, 1979

Yves Leloup
Les Villes du Minas Gerais
Dissertation, University of Paris IV, 1969

AmaNdebele
Farbsignale aus Südafrika, Haus der Welt
Ernst Wasmuth Publisher Tübingen, Berlin, 1991

Les Portugais au Brésil
L'Art dans la vie quotidienne
Europalia, Portugal, 1994

Sima Hafezi-Kouban
Yazd: Face à la "modernisation"
Dissertation, Sociology, Paris VII, 1975

카탈로그

Courtyard
Musée National des Arts d'Afrique et d'Océanie,
and Musée d'Art Moderne de Villeneuve d'Ascq, 1996

De Terre, de paille et de bois: symbolique de l'architecture en Afrique Noire
Musée de l'Homme, Paris, 1998

Sana'a:parcours d'une cité d'Arabie
Under the direction of Pascal Maréchaux, IMA
Institut du Monde Arabe, Paris, 1987

랑클로의 작업과 관련된 책, 논문, 출판물

1967	*L'architecture d'aujourd'hui* no. 134 (France) *L'Express* no. 9-15 oct. (France)	Auditorium L'utile se mesure à l'insolite (Alice Morgaine)
1968	*Domus* no. 459 (Italy) *L'CEil* no. 159 (France) Auditorium	Colori a Parigi Elle no. 1178 (France) Pour tromper les murs
1969	*Domus* no. 471 (Italy) *Connaissance des arts* no. 209 (France) *Les Nouvelles littéraires* no. 2183 (France) *La Maison de Marie-Claire* no. 29 (France) *Créé* no. 1 (France) *L'Express* no. 936 (France)	Grafica per una industria L'art et la musique La meilleure palette (Gilles de Bure) La maison à vos couleurs (Marielle Hucliez) La couleur et ses déclinaisons Les coloristes soignent la couleur (Alice Morgaine)
1970	*Mainichi-Shinbun* (Japan) *Color Communication* no. 12 (Japan) *Housing and Urban Development* (Japan) *Domus* no. 492 (Italy) *Graphic Design* no. 40 (Japan) *La Maison de Marie-Claire* no. 38 (France)	Environnement et couleur The world of Jean-Philippe Lenclos La couleur est un signal Works by Jean-Philippe Lenclos Apprenez la couleur avec les peintres (Marielle Hucliez)
1971	*Réalités* no. 300 (France) *Approach* (Japan) *The Kindaï Kenchitu* no. 25 (Japan) *La Maison de Marie-Claire* no. 56 (France) *Créé* no. 10 (France)	L'explosion de la couleur crue (Jean Clay) Volume-Light-Colour (Jean-Philippe Lenclos) Super Graphic (Ryoichi Shigeta) Vivre en couleur Volume-couleur (Gilles de Bure)
1972	*Color Planning Center* no. 32 (Japan) *L'Architecture d'aujourd'hui* no. 164 (France) *Color Communication CPC* no. 29 (Japan) *Japan Interior Design* no. 156 (Japan) *Asashi-Shinbun* (Japan) *Yomiuri-Shinbun* (Japan) *Nippon keizai-Shinbun* (Japan)	Lenclos the Colorist (Masaomi Unagami) Couleurs et paysages (Jean-Philippe Lenclos) Color Scheme of Interior Decoration (Masaomi Unagami) How French Designs Have Changed La couleur de Tokyo vue par un Parisien A Tokyo, plus dde couleur La couleur de Tokyo est gris-rose
1973	*La Maison de Marie-Claire* no. 74 (France) *L'Architecture d'aujourd'hui* no. 166 (France) *Elle* no. 1424 (France) *Elle* no. 1427 (France) *Domus* no. 522 (France) *Varisilmä* no. 3 (Finland) *Abitare* no. 117 (Italy) *Créé* no. 23 (France) *Architecture plus* no. 9 (U.S.A)	Les matériaux naturels de la couleur Aujourd'hui l'école L'avenir des meubles: faire partie des murs (Jacqueline Chaumont) La couleur au tableau d'honneur-Espace couleur Supergraphisme Elämä on väriä Viggare Meglio Aspen 1973 (Gilles de Bure) The Powerful Hum of Color (Gilles de Bure)
1974	*La Maison de Marie-Claire* no. 85 (France) *Maison française* no. 276-287 (France) *Domicible* no. 3 (France) *Design, éditions Stock-Chêne* (France) *Domus* no. 537 (Italy) *Graphic Design of the World* no. 7, édition Kodansha (Japan) *Form* no. 10 (Sweden)	Choisissez vos couleurs Les couleurs de la France (Solange Gorce) La couleur est déjà au pouvoir (Marianne Fell) Introduction à l'histoire du Design (Jocelyn de Noblet) Policromia- Les Maradas Graphics in Environment Grafisk formgiving
1975	*Mäleri* no. 2 (Sweden) *Le Journal de la maison* no. 85 (France) *Decorativnoïe Iskoustvo* no. 209 (Soviet Union) *Color Planning Center* no. 62 (Japan) *GQ Gentlemen's Quarterly* no. 45 (U.S.A) *Elle* no. 1558 (France)	Livet är enlek med färger Jean-Philippe Lenclos (Catherine Ardouin) La palette des villes françaises (L. Jadova) La couleur du Vaudreuil Getting personnal, Paris matchless Nos trente ans
1976	*Neuf* no. 59 (Belgium) *Colour for Architecture,* édit. Studio Vista (England) *Neuf* no. 63 (Belgium) *Créé* no. 42 (France) *L'Architecture en URSS* no. 6	Le bonheur polychrome (Georges Durand) Living in Colour (Porter and Mikellides) Couleurs et architecture (Georges Durand) L'amélioration du patrimoine récent (Gérard Neggreanu) L'architecture contemporaine en France (Nicolas Solovief)

1977	*Domus* no. 568 (Italy)	Solmer- La Ciotat
	Color Planning Center no. 76 (Japan)	Color Environment in Europe (Shingo Yoshida)
	AIA, American Institute of Architecture no. 67 (U.S.A)	Color in Architecture
	Les Nouvelles littéraires no. 2589 (France)	Couleurs du paysage (Jean-François Dhuys)
	Le Point no. 263 (France)	Celui par qui la couleur arrive (Catherine Bergeron)
	Marie-France no. 261 (France)	A Chaque région sa couleur (Sabine Chadenet)
	Japan Interior Design no. 223 (Japan)	Color Scheme in Architecture (Ryoichi Shigeta, Masaomi Unagami)
	TPE no. 44 (France)	Les couleurs de la ville
	Monuments historiques no. 5 (France)	La géographie de la couleur (Jean-Philippe Lenclos)
1978	*100 idéés* no. 51 (France)	Nature morte: paysage vivant (Jean-Jacques Mandelle)
	Odia (Portugal)	Geografia da cor
	Woon signatur (Netherlands)	Arts décoratifs
	Architecture intérieure-Créé no. 165 (France)	Les quatre temps (Olivier Boissière)
1979	*Car Styling* no. 25 (Japan)	Le style automobile à la régie Renault (Giancarlo Perini)
	Architecture intérieure-Créé no. 171 (France)	La méthode du rythme et des tonalités (Patrice Goulet)
	Makasini no. 7 (Finland)	Sopusointu on tu levaisuuden Avainsana (Marja Paasonen)
	100 idéés no. 71 (France)	Derrière la porte des écoles d'art (M. Bailhache)
	Estado de Minas no. 11-79 (Brasil)	Artes visuais (Gelma Alvim)
1980	*Domus* no. 602 (Italy)	Colore e Torino
	Graphic Design for our Environment, édit. Shotenkenchikusha Co Ltd (Japan)	Rythmes de façades à Château-Double (Takenobu Igarashi)
	L'Usine nouvelle (France)	La couleur à l'usine
	Japan Interior Design no. 261 (Japan)	The Designers of the World are now
	Epoca no. 1574 (Italy)	Il colore che va (A. Militello)
1981	*Farbe im Stadtbild,* édit. Archibook, Berlin (Germany)	L'aciérie Somer; La ville nouvelle du Vaudreuil (M. Duttmann)
	Les Couleurs dans l'architecture du Limousin, pub. Typographica	Direction régionale de l'équipement du Limousin (Jean-Philippe Lenclos)
1982	*Colour Outside,* édit. Architectural Press, Londres (England) (Tom Porter)	
	Les Nouvelles littéraires no. 2856 (France)	Des murs et des couleurs (Jean-François Dhuys)
	Light Color and Environment, édit. Van Nostrand Reinhold (U.S.A)	The Use of Color on Exteriors (Faber Birren)
	La Ristrutturazione edilizia, édit. Hoepli (Italy)	Il colore nella riabilitazione (A. Baglioni, G. Guarnerio)
1983	*Monuments historiques* no. 129 (France)	Des matériaux traditionnels de construction (Henri Bonnemazou)
1984	*Le Livre du mur peint,* édit. Alternatives (France)	Le mur art de la rue (Dominique Durand)
	Eléments de design industriel, édit. Maloine (France)	Composantes esthétiques du produit (Danielle Quarante)
1985	*Le Point* no. 2405 (France)	Couleurs: la palette des sens (Roselyne Bosch)
	Color Model Environments, édit. Van Nostrand Reinhold (U.S.A)	The Work of Jean-Philippe Lenclos (Harold Linton)
1986	*Automobiles classiques* no. 15 (France)	Couleurs et matériaux du futur (Serge Bellu)
	Paris tête d'affiche no. 3 (France)	La nouvelle Nouvelle Athènes (Philippe Lavorel
	La France sensible, édit. Champ Vallon (France)	La France et ses couleurs (Pierre Sansot)
1987	*L'Express* no. 1488 (France)	Les villes sont des palettes (Odile Perrard)
	Paris Passion no. 52 (France)	The Heavy 100 (Marion Tompkins)
	Diagonal no. 66 (France)	La couleur comme des racines (Florence Marot)
	Le Monde 《Affaires》 no. 13340	Les marchands de couleurs (Christian Tortel)
1988	*Maison française* no. 414 (France)	Le monde en technicolor (Inès Heugel)
	Tools no. Ⅳ /3 (Denmark)	United Colors of Lenclos
	Encyclopedia of Architecture, édit. John Wiley (U.S.A)	Color in architecture (Tom Porter)
	Car Styling no. 64-68 San'ei Shobo Publishing Co, Ltd. (Japan)	The Geography of Color (Akira, Fujimoto)
	Le Rêve automobile, édit. EPA (France)	Atelier 3D couleur (Serge Bellu, Peter Vann)
1989	*Today* (China)	Un Français maître de la couleur (Song Jian Ming)
	The Color Compendium, édit. Van Nostrand Reinhold (U.S.A)	Architecture and Color (Augustine Hope, Margaret Walch)
	Intramuros no. 25 (France)	Jean-Philippe Lenclos (Claudine Farrugia)
	Journal of Zhejiang Academy of Fine Arts (China)	Jean-Philippe Lenclos, Method for Teaching the Colours (Song Jian Ming)
	Signs and Structures, édit. kzo Coatings (Netherlands)	The Geography of Colour (Jean-Philippe Lenclos)
	Le Point no. 888 (France)	Un homme de couleurs (Guillemette de Sairigné)

1990	*Maison française* no. 436 (France)	Au pays de la couleur (Claude Berthod)
	City no. 60	Cités polychromes (Renoud Ego)
	Philips News no. 9 (Netherlands)	Colour scheme for new range designed by Jean-Philippe Lenclos
	La Couleur de la ville no. 2 (Russia)	Geography of colour (Andreï Efimov)
1991	*Car Styling* no. 80 (Japan)	At the salon de Paris (Jean-Philippe Lenclos)
	Figaro no. 14429 (France)	Jean-Philippe Lenclos docteur ès couleur (Chatal de Rosamel)
	Figaro Madame no. 14482 (France)	La couleur c'est la vie (Guillemette de Sairigné)
	Etudes rurales no. 117 (France)	La géographie de la couleur (Jean-Philippe Lenclos)
1992	*Clamour* no. 40 (France)	La couleur et la monde
	Automobiles classiques no. 48 (France)	Les couleurs du Japon-Echanges Paris-Tokyo (Serge Bellu)
	Performances no. 2 (France)	Jean-Philippe Lenclos aux sources de la couleur (Martine Debaussart)
	The color of the city, édit. Ed Taverne & Cor Wagenaar (Netherlands)	ISBN 90 74 265 03 0 GEB
	L'Automobile Magazine no. 555 (France)	Entretien Jean-Philippe Lenclos: l'amoureux des couleurs (Robert Gelly)
	Libération no. 3595	Les villes françaises ne s'aiment pas en couleur (Sibylle Vincendon)
	Design Magazine no. 527 (England)	Natural selection trends colours (Carl Gardner)
1993	*Urbanisme* no. 261 (France)	Le voleur de couleurs (Catherine Sabbah)
	BAT no. 152 (France)	La couleur dominante (Noëlle Gauthier)
	La Dépêche du Midi (France)	Des goût et des couleurs (Gérard Santier)
	Chine Art Weerkle no. 1 (China)	Un nouveau domaine: la géographie de la couleur (Song Jian Ming)
	CAUS News (U.S.A)	CAUS holds conference on color in the year 2000
	Routledge Companion to Architecture Thought (England)	Architectural form and colour (Tom Porter)
1994	*Didalos* no. 51 (Germany)	Die geographie der farbe (Jean-Philippe Lenclos)
	Cosmetique News no. 190	Jean-Philippe Lenclos président-directeur-général de l'Atelier 3D couleur (Antigone Schilling)
	Color Forecasting, édit. Van Nostrand Reinhold (U.S.A)	Trends, signs and symbols (Harold Linton)
	Journal du textile no. 2021 (France)	L'air du temps flairé par les leaders d'opinion
1995	*Car Styling* no. 104 (Japan)	Trends in colors at the Mondial
	Dizajn no. 2 (France)	Un métier, une entreprise, un homme (Dominique Wagner)
	D'A, Architectures no. 56 (France)	Le voleur de couleurs (Catherine Sabbah)
	Car Styling no. 107 (Japan)	Product Color Dynamics (Jean-Philippe Lenclos)
	Création no. 2 (China)	Un coloriste française Jean-Philippe Lenclos et son travail (Song Jian Ming)
	Car Styling no. 108 (Japan)	Color Design for transportation (Jean-Philippe Lenclos)
1996	*View on colour*	Atelier Earth (Liza Whrigt)
	Etapes graphiques (France)	Réflexions chromatiques (Bénédicte Le Guérinel)
	Journal de l'Ecole nationale supérieure des arts décoratifs (France)	Faire vivre la couleur La stratégie de la couleur à l'ENSAD
	L'Entreprise (France)	Les couleurs qui font vendre (Pascale Poncelet)
	Colourscape (England)	ISBN 1-85490-4315 (Michael Lancaster)
1997	*Le Revenu française* (France)	Un petit jaune sinon rien! (Sabine Dreyfus)
	Dépêche Mode (France)	Les couleurs qui font vendre (Ph. P. Adolphe, S. Chapuy)
	Marie-France (France)	Des couleurs pour nous faire craquer (I. Soing)
1998	*B&M 5. Architecture* (Belgium)	Dialogue entre la couleur et l'architecture
	Le Journal du dimanche (France)	Le rouge est mis (Caroline Tossan)
	Cosmétique News	Interview portrait (Agnès Legïul)
1999	*Le Mobilier français 1960-98*, Edit. Massin (France)	ISBN 2-7072-0338-6 (Yvonne Brunhammer-Marie Perrin)
	D'A, Architectures no. 90 (France)	Couleur, l'importance du contexte (Pascale Blin)
	La Tribune (France)	La couleur permet de résister (Sophie Seroussi)
	Colour Design in France, edit. Shanghai, People's Fine Arts Publishing (China)	ISBN 7-5322-2189-X/J-2069
	Fashion Colour no. 3, edit. Shanghai (China)	Jean-Philippe Lenclos, Maître de la couleur (Jia Zong Li)
	Color in Architecture, edit. Mc Graw-Hill (U.S.A)	ISBN 0-07-038119-4 Design Methods for buildings (Harold Linton)

저작권

사진

이 책에 실린 사진 중 478점은 장 필립 랑크로가 찍은 것이며, 그 외의 사진 저작권자는 다음과 같다.

Jean Bersoux	62쪽 1, 2
François Dejean	85쪽 3; 91쪽 5
Eric Guillouard	28쪽 2; 32쪽 2
Isabelle Jacquard	25쪽 2
Thomas Klug	130쪽 2
Ubald Klug	15쪽 2; 16쪽 2
Dominique Lenclos	27쪽 4; 30쪽 4; 34쪽 1; 35쪽 2, 3; 41쪽 3, 4, 5; 43쪽 2; 45쪽 3; 47쪽 4; 50쪽 1; 51쪽 2, 3, 4; 54쪽 1; 56쪽 1, 2; 59쪽 4; 60쪽 2; 64쪽 1; 66쪽 3, 4; 67쪽 5, 8; 81쪽 3; 113쪽 4; 114쪽 2; 118쪽 1; 121쪽 5; 124쪽 1, 2, 3, 4; 147쪽 2; 154쪽 1, 2, 3; 155쪽 4, 6, 7, 8; 156쪽 1, 2, 3, 4, 5, 6, 7, 8; 162쪽 4; 166쪽 1; 167쪽 2; 168쪽 1, 2, 3, 4; 169쪽 5, 6, 7, 8; 175쪽 5, 6; 224쪽 1; 225쪽 7; 226쪽 1, 2; 227쪽 6; 260쪽 1; 261쪽 2, 3; 263쪽 4
Rudy Meyer	19쪽
René Robert	4, 21, 23, 71, 136쪽

색 재현과 샘플

Color Planning Center (Tokyo)	14쪽
Jean-Philippe Lenclos	63쪽 7; 206쪽 1; 210쪽 3; 215쪽 4
René Robert	20, 22, 23쪽; 68쪽 A, B, C; 69쪽 2, 3, 4; 70쪽 1, 2, 3, 4; 83쪽 1, 2; 84쪽 1; 111쪽 2, 3, 4, 5, 6, 7; 96쪽 1, 2; 117쪽 5; 127쪽 2; 128쪽 3; 136쪽 1, 2, 3; 150쪽 1; 176쪽 1; 177쪽 2; 189쪽 2, 3; 201쪽 4; 203쪽 2; 277쪽 6; 280쪽 1

삽화

Jean-Philippe Lenclos	17쪽; 63쪽 7; 96쪽 3, 4; 137쪽; 176쪽; 189쪽
Fabrice Moireau	98, 110, 126, 144, 157, 188, 202, 217, 231, 282쪽
Jean-Jacques Terrin	117쪽

표와 종합표

Atelier 3D Couleur	18, 20, 21쪽; 22쪽 3; 23쪽; 111쪽; 136쪽; 189쪽 1, 2; 217쪽 6, 7, 8, 9
Agnès Decourchelle	69쪽 2, 3, 4
Béatrice Kluge	68쪽 A, B, C
Marie Lenclos	22쪽 1, 2; 150쪽 1; 201쪽 4; 203쪽 3; 252쪽 1; 245쪽 3, 4
Christopher Roger	277쪽 6

옮긴이 후기

유럽의 은자와도 같은 랑클로, 문화에 대해 강조하다

세계 색채학계의 거장으로 통하는 장 필립 랑클로, 지금 한국에서는 그의 컬러 컨셉이 돌풍을 일으키며 환경디자인계에서 화제가 되고 있다. 그는 컬러학자이자 교수이며 디자이너로서의 경력 또한 화려하여 퐁피두 대통령상과 인터내셔널 컬러디자인상도 수상한 바 있다. 더구나 마티스와 더불어 프랑스가 내세우는 문화예술인 30인 중 한 명이니 유럽에서는 꽤나 유명인사이지만, 얼마 전까지만 해도 한국에서는 몇몇 전문가만 알 뿐 낯설기만 한 인물이었다.

이 유럽의 지성이 한국에 알려지기 시작한 것은 2007년 현대건설의 힐스테이트 컬러와 사인 매뉴얼디자인Hillstate Color & Sign Manual Design을 역자와 공동 작업하게 되고 우리의 작업이 아트컬러Art Colors로 매스컴에 소개되면서부터다. 한국의 주거 색채 문화에 새로운 컬러들을 선명히 흩뿌린 이 작업은 곧 한국 내에 커다란 컬러의 변화를 가져다줄 사안으로, 그가 한국 문화 전반에 얼마나 큰 공헌을 했는지는 시간이 가면서 밝혀지리라 믿는다. 이러한 시점에 그의 저서 중 한 권이 이렇게 한국에서 출간되는 것은 참으로 시기적절한 일이 아닐 수 없다.

《세계의 색: 색채 지리학》을 번역한 이 책은 세계 각 지역의 주거 색채에 대한 치밀한 작업과 연구의 소산이다. 이 책에는 다양한 나라들의 지역 전통과 역사, 지리적 환경과 기후 등이 상세하게 설명되어 있고 그에 따른 색채의 독특한 특성도 분명하게 제시되어 있다. 여기에 소개된 분석 방식과 결과를 내는 원리는 랑클로가 창시한 '색채 지리학'의 혁신적인 컨셉에 기초가 되는 것들이다. 각 챕터마다 소개되는 총체적인 도큐먼트들은 미세한 색 차이에도 불구하고 적절하고 분명한 비교를 보여주며, 전 세계에서 모아놓은 다양한 색채와 풍부하고 참신한 볼거리들을 제공한다. 장 필립 랑클로와 도미니크 랑클로의 이러한 작업은 시간과 장소를 넘어서 많은 사람들에게 영향력을 발휘한다는 의미에서 독보적인 것으로 새겨질 만하다. 이 책 속의 주거 색채에 표현된 무한한 다양성이 그 증거인 셈이다.

이제는 친구처럼 허물없이 지내지만, 랑클로 선생님과 역자의 인연이 처음 시작된 것은 220년 역사를 자랑하는 파리국립고등장식미술학교에서였고 그 당시에는 교수와 학생의 신분이었다. 그럼에도 랑클로 선생님은 교수로서가 아니라 인간 랑클로로서 항상 문화의 중요성에 대해 강조하셨고, 문화가 인간에게 끼치는 영향에 대해 평생 성찰하며 사신 분답게 인간의 삶에 그것이 얼마나 중요한 것인가를 우리에게 항시 생각하게 하셨다. 그리고 그런 관점은 그의 인격에 배어 있어서 그를 보는 다른 사람의 마음을 움직이곤 했다.

공동 디자인 프로젝트 건으로 선생님께서 한국에 체류하시는 동안 묵을 숙소를 어디로 정하느냐 하는 문제로 고민을 한 적이 있다. 주위에서는 호텔로 모시라고 했지만, 각 지역 고유의 문화를 사랑하고 그것이 넘쳐 '색채 지리학'이라는 개념을 창시하신 분에게 어울리는 숙소는 내 생각에 아무래도 한옥이지 싶었다. 그렇게 해서 모시게 된 가회동의 한옥 락고재樂古齋와 서울 게스트하우스 별채를, 선생님은 대단히 만족해 하셨다. 매일매일 바쁜 일정 속에서도 틈틈이 북촌 한옥마을 일대를 두루 탐방하고 사진에도 담았다. 진작 한국에서 촬영을 할 수 있었으면 저서에 넣을 법한 사진들이 많은데 아쉽다며 다음 기회에 저서에 넣어야겠다고 말씀하시기도 했다.

그중에 자수박물관에서는 한국 자수의 컬러에 탄복하며 그 자리에서 한참을 스케치하셨다. 랑클로 선생님은 한국의 순수한 문화 근원으로부터 영감을 많이 받았다면서 특히 기품 있는 한복의 컬러를 '컬러의 교향곡' 내지는 '컬러 대비의 아트'라 극적으로 표현하였고 재질의 미묘함에 대해 생생하게 거론하시기까지 하셨다. 일본 문화가 사실은 한국에서 건너가 꽃을 피웠다는 것을 누구보다도 잘 아시는 랑클로 선생님은 "한국은 컬러를 잘 쓸 줄 아는 나라였는데 지금은 유교의 영향인지 컬러 쓰기에 겁을 먹고 있는 듯하다."는 의견을 피력하셨다. 그러나 잠재력이 있는 민족이니 대두할 컬러시대에 어느 나라보다 컬러를 멋지게 쓸 거라 생각한다고 덧붙이셨다.

그의 말처럼 전통 문화를 되살려 우리의 색이 살아 있는 아름다운 도시를 만들기 위해서도 이 책은 유용하다. 각 지역의 지리적 환경과 기후, 사회문화적 관습, 전통을 고려하여 주거 환경을 아름답게 꾸미려는 랑클로의 색채 디자인에 대한 접근 방법은 우리에게 커다란 교훈을 줄 뿐 아니라 지침서의 역할을 하기에 충분할 것이다.

언젠가 선생님께 여쭤본 적이 있다. 어떻게 그렇게 많은 자료가 들어가는 책을 일일이 시리즈로 엮으셨는지? 유럽의 은자와도 같은 랑클로 선생님은 웃으시며 간단하게 대답하셨다.
"조금씩 조금씩Petit à petit…"

2009년 5월, 한티 이승희

감수

박연선

홍익대학교 응용미술학과와 동 대학원 공예도안과를 졸업한 후 산업디자이너이자 대학교수로 활동하고 있다. 한국여성시각디자이너협회 회장, 홍익대학교 영상애니메이션연구소와 색채디자인연구센터 소장을 역임한 바 있으며, 현재 홍익대학교 조형대학 학장, 한국색채학회 회장, 대한민국산업디자인전람회 초대 디자이너, 한국색채디자인개발원 감사를 맡고 있다. 《색채용어사전》(예림, 2007)과 다수의 논문을 저술하였으며, 역서로는 《컬러 하모니》(미진사, 1995), 공저로는 《색색가지 세상》(국제, 2001), 《색이 만드는 미래》(국제, 2002)가 있다.

옮긴이

이승희

홍익대학교 미술대학 회화과를 졸업하고 파리국립고등장식미술학교ENSAD에서 건축미술과 회화를 전공하였다. 1982년 중앙미술대전 입선과 서울미술대전 특선을 한 바 있으며, 아티스트이자 컬러디자이너로 활동하며 프랑스와 일본 및 한국에서 전시회를 가졌다. 건축색채디자인 전문회사인 한티Hanty를 설립하여 1999년 삼성 래미안과 트라펠리스의 벽화와 컬러디자인, 2005년 래미안 색채 매뉴얼을 담당하였고, 코오롱 색채와 특화 디자인으로 2007년 살기 좋은 아파트 대통령상을 수상하였다. 2007~2008년에는 랑클로 교수와 현대 힐스테이트 아트컬러와 사인 매뉴얼을 공동 디자인 개발하였다. 현재 세계 여러 나라를 답사하며 제작하는 차세대 문화 컨텐츠 저서 개발을 계획 중에 있다.

김정락

서울대학교 미술대학 서양화과를 졸업하고 독일 프라이부르크 대학에서 미술사학 석사와 철학박사 학위를 취득하였다. 현재 김종영미술관 학예실장을 맡고 있으며 서울대학교, 고려대학교, 국민대학교 등 여러 대학에서 미술사와 건축사 강의를 하고 있다. 저서로는 《예술의 이해와 감상》(한국방송통신대학교 출판부, 2004), 《세계의 도시와 건축》(한국방송통신대학교 출판부, 2007), 《미술과 사회》(서해문집, 2009) 외 다수의 논문이 있다.

이선정

숙명여자대학교 환경디자인과 실내건축 전공으로 우등졸업하고 한국실내디자인대전 특선을 수상한 바 있으며, 종합건축사사무소 이공건축 이공인테리어에서 근무했다. 프랑스 판테옹 소르본 파리 1대학에서 환경디자인과 석사Maitrise, 파리국립고등산업디자인학교ENSCI에서 테크노창작디자인과 석사Mastère Spécialisé Création et Technologie Contemporaine 학위를 취득하였다. IKEA와 빌모트 건축사무소Wilmotte & Associes S.A 인턴을 거쳐 현재 디디에 르포트 건축사무소Didier Lefort Architectes Associése에서 인테리어 디자이너로 활동 중이며, 파리국립고등장식미술학교의 디자인이노베이션연구소ENSAD Lab 소속이다. 한국디자인진흥원 웹진과 월간디자인네트 파리 통신원으로도 활동 중이다.